# 电子产品装配与调试

主　编　○　杨秀平　吴雪峰
副主编　○　刘宗国　张振平　李昌荣

西南交通大学出版社
·成　都·

图书在版编目（CIP）数据

电子产品装配与调试／杨秀平，吴雪峰主编. —成都：西南交通大学出版社，2017.3
ISBN 978-7-5643-5263-9

Ⅰ.①电… Ⅱ.①杨… ②吴… Ⅲ.①电子设备－装配（机械）－教材②电子设备－调试方法－教材 Ⅳ.①TN805

中国版本图书馆 CIP 数据核字（2017）第 024396 号

### 电子产品装配与调试
**主编** 杨秀平　吴雪峰

| | |
|---|---|
| 责 任 编 辑 | 穆 丰 |
| 封 面 设 计 | 何东琳设计工作室 |
| 出 版 发 行 | 西南交通大学出版社<br>（四川省成都市二环路北一段 111 号<br>西南交通大学创新大厦 21 楼） |
| 发 行 部 电 话 | 028-87600564　028-87600533 |
| 邮 政 编 码 | 610031 |
| 网　　　　址 | http://www.xnjdcbs.com |
| 印　　　　刷 | 成都中铁二局永经堂印务有限责任公司 |
| 成 品 尺 寸 | 185 mm × 260 mm |
| 印　　　　张 | 12.25 |
| 字　　　　数 | 260 千 |
| 版　　　　次 | 2017 年 3 月第 1 版 |
| 印　　　　次 | 2017 年 3 月第 1 次 |
| 书　　　　号 | ISBN 978-7-5643-5263-9 |
| 定　　　　价 | 32.00 元 |

课件咨询电话：028-87600533
图书如有印装质量问题　本社负责退换
版权所有　盗版必究　举报电话：028-87600562

# 前　言

"电子产品装配与调试"是根据教学计划安排的一项重要的实践性教学教程，它是电子工程师基本训练的重要环节之一，是中等职业学校学生的一项必修实践课。通过学习和实践，使学生开始接触电子元器件。电子材料及电子产品的生产过程，掌握最基本的手工焊接工艺，能识别和测试电子元器件，学习电子产品的组装技能，了解电子工艺生产的流程和基础知识，同时使学生得到严格生产劳动纪律的培养。

我校通过企业调研，广泛征求企业专家的意见，与承德新龙电子有限公司合作，从电子元器件的种类、特点、功能入手，通过对家电产品中各具体元器件的分析，使学生对各种元器件有全方位的了解，进而学会电子元器件的检测和焊接技能，由此编写了本教材。

电子产品装配实训安排，包括讲授理论和从事实际操作，并以实践为主进行教学，具体内容为：

一、概述对电子产品装配的认识。

二、认识电子元器件，学会电子工艺实习中常用的测试仪器操作使用（重点是万用表的使用）。

三、介绍电子工艺技术中产生各种不安全因素的原因及防护常识；进行焊接训练，熟悉焊接工具。焊接材料的选择和焊接质量的评价。

四、了解工业生产中的焊接流程以及整机工艺设计与生产流程。通孔安装工艺电子产品的组装与调试，比较手工调试与用扫频仪等仪器调试的优缺点，要求整机调试到最佳工作状态变成一个完整的产品。

通过认真的企业调研，广泛征求企业专家的意见，邀请承德联创计控有限公司等企业专家参与编写。

由于编著者的水平有限，错误和不妥之处恳请读者和同行批评指正。

编　者

2016.12

# 目 录

## 项目一 电子元器件基本知识及检测 …………………………………………………… 1
　　任务一　电阻器识读及检测 …………………………………………………………… 1
　　任务二　电容器识读及检测 …………………………………………………………… 11
　　任务三　电感器识读及检测 …………………………………………………………… 19

## 项目二 半导体器件基本知识及识读 …………………………………………………… 25
　　任务一　二极管基本知识及检测 ……………………………………………………… 25
　　任务二　三极管基本知识及检测 ……………………………………………………… 41
　　任务三　场效应管基本知识及检测 …………………………………………………… 51
　　任务四　单结晶体管的基本知识及检测 ……………………………………………… 61
　　任务五　晶闸管的基本知识及检测 …………………………………………………… 66
　　任务六　常用集成电路基本知识及检测 ……………………………………………… 73

## 项目三 其他常用元器件和常用维修工具的认识和使用 ……………………………… 81
　　任务一　其他常用元器件的认识及使用 ……………………………………………… 81
　　任务二　常用维修工具的认识及使用 ………………………………………………… 85

## 项目四 常用检测仪表的功能特点和使用方法 ………………………………………… 95
　　任务一　万用表的使用 ………………………………………………………………… 95
　　任务二　示波器的使用 ………………………………………………………………… 107
　　任务三　晶体管特性图示仪的使用 …………………………………………………… 113
　　任务四　信号发生器的使用 …………………………………………………………… 123
　　任务五　直流稳压电源的使用 ………………………………………………………… 129

## 项目五 电子元器件的安装与焊接 ……………………………………………………… 134
　　任务一　电子元器件安装工艺与焊接要求 …………………………………………… 134

任务二　自动化焊接的特点及工艺 ……………………………………………… 144
　　任务三　表面贴装元器件的手工焊接 ……………………………………………… 151
**项目六　电子元器件检测维修实例** ……………………………………………… 158
　　任务一　收音机的安装与调试 ……………………………………………… 158
　　任务二　声控开关电路的组装与调试 ……………………………………………… 171
　　任务三　霓虹灯的组装与调试 ……………………………………………… 178
　　任务四　简易电子琴电路的安装与调试 ……………………………………………… 183
**参考文献** ……………………………………………… 189

# 项目一　电子元器件基本知识及检测

## 任务一　电阻器识读及检测

**【教学目标】**

一、知识目标
（1）外观上认识电阻器。
（2）用色环法能读出电阻器的标称值。
（3）用仪器测量电阻器数值。

二、能力目标
（1）学会判断电阻器好坏的方法。
（2）学会选择电阻器的方法。
（3）学会色环电阻的识读方法。

三、素养目标
（1）有能吃苦耐劳，有安全责任心。
（2）工作踏实、诚实守信、善于沟通合作，服从组织领导。
（3）培养学生认真做事习惯，增强自信心，体验动手操作的乐趣。

**【教学场景】**

多媒体教室、电子实训室。

**【任务描述】**

本任务学习的主要内容是电阻器的认知、检测和判断方法。

**【相关知识】**

电阻器一般用有一定电阻率的材料（碳或镍铬合金等）制成，在电路中的主要用途是稳定和调节电路中的电流和电压，还作为分流、限流、分压、偏置、消耗电能的负载等。它是电子产品中使用最多的元器件之一。

电阻器按阻值能否调节可以分为固定电阻器和可变电阻器。其中固定电阻器的文字符号为 $R$，可变电阻器又称电位器，其文字符号为 $R_P$ 或 $W$。

电阻器的基本单位是欧姆（Ω），另外还有 kΩ、MΩ、GΩ、TΩ 等。其关系如下：
$$1\ T\Omega = 10^3\ G\Omega = 10^6\ M\Omega = 10^9\ k\Omega = 10^{12}\ \Omega$$

## 一、常用固定电阻器（见表 1-1-1）

表 1-1-1　常用固定电阻器

| 名称 | 实物 | 特点及应用场合 |
| --- | --- | --- |
| 碳膜电阻 RT | | 构造简单，体积小，精度高，价格低，工作温度以及极限电压均较高 |
| 金属膜电阻 RJ | | 功率负荷大，温度系数小，电流噪声小，高频性能好，体积小，精度高，阻值范围宽 |
| 金属氧化膜电阻 | | 温度系数小，电流噪声小，抗潮湿、抗氧化，过负荷能力强，长期工作稳定，使用温度范围宽 |
| 铝壳线绕电阻器 | | 金属外壳散热，适用于散热板安装方式，体积小，功率负荷大 |
| 实芯电阻 | | 体积与相同功率的金属膜电阻相当，但噪声比金属膜电阻大 |
| 热敏电阻器 | | 主要用于温度补偿，温度测量和在各类电源中吸收浪涌电流作为线路保护元件 |

续表

| 名称 | 实物 | 特点及应用场合 |
|------|------|----------------|
| 压敏电阻 |  | 电阻率随电压变化而改变，具有双向电流—电压特性，主要用于开关电源、可控硅以及抑制浪涌电流、过压保护等 |
| 湿敏电阻器 |   | 能将湿度的变化转换为电信号的电阻型湿敏传感器件，阻值会随湿度的变化而变化 |
| 光敏电阻器 |  | 当外界光照强度发生变化时，电阻器的阻值也会发生变化，光线越强阻值越小 |

## 二、常用电位器（见表 1-1-2）

表 1-1-2 常用电位器

| 名称 | 实物 | 特点及应用场合 |
|------|------|----------------|
| 线绕电位器 WX |  | 电阻体是由电阻丝绕在涂有绝缘材料的金属或非金属上制成的。特点是功率大，噪声低，精度高，稳定性好，高频特性较差 |
| 合成碳膜电位器 |  | 分辨率高，阻值范围宽，滑动噪声大，耐热耐湿性不好 |
| 有机实芯电位器 |  | 分辨率高，阻值范围宽，耐磨性好，可靠性高，体积小，噪声大，耐高温性差 |

续表

| 名称 | 实物 | 特点及应用场合 |
|---|---|---|
| 单联、双联电位器 |  | 单联电位器由一个独立的转轴控制一组电位器。双联电位器，适用于双声道立体声放大电路的音量调节 |
| 单圈、多圈电位器 |  | 单圈电位器的滑动臂只能在360°的范围内旋转，一般用于音量控制；多圈电位器的转轴每转一圈滑动臂触点在电阻体上仅改变很小一段距离，一般用于精密调节电路 |
| 直滑式电位器 |  | 其电阻体为长方条形，它是通过与滑座相连的滑柄作直线运动来改变电阻值的，一般用在电视机、音响中作音量控制或均衡控制 |

## 三、固定电阻的检测（见表 1-1-3）

表 1-1-3　固定电阻的检测

| 1. 将转换开关旋转到电阻档的某一倍率上 | 2. 将万用表调零 |
|---|---|
| 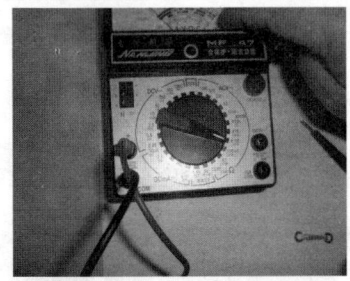 | 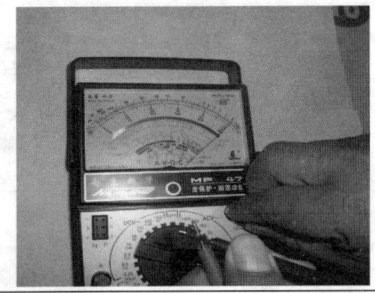 |
| 3. 把表笔放在电阻两端，手不能接触电阻器的金属部位 | 4. 指针稳定后，把指针的示值乘以倍率即为该电阻器的阻值 |
| 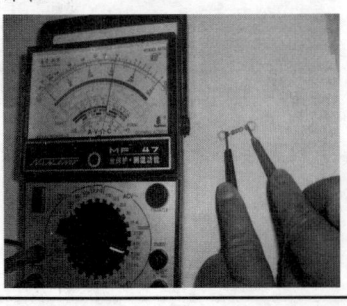 | 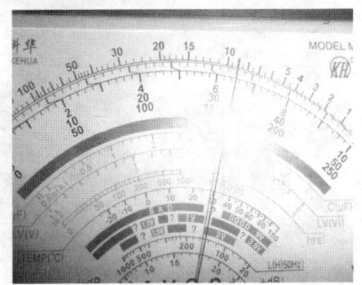 |

· 4 ·

| | |
|---|---|
| 5. 测量完毕后，把旋转开关转到 OFF 位置  | |

注意事项：

（1）调零时，如果调零旋钮已经旋转到底，表针始终不能到零位，说明万用表内电池电压已经过低，应更换新电池后，再进行调零。

（2）测电路板上的电阻器时，不能确定电路中待测电阻器是否有并联的电阻器存在时，必须将被测电阻器的一端与电路断开再测量。

（3）测量电阻之前，应先将电源断开，电路中有电容器时，先放电，否则相当于用电阻档测该电阻器两端的电压，会损坏万用表。

（4）读数时视线应与表盘垂直，此时表指针在反光镜面时的像重叠，这时读数较准确。

（5）使用完毕后，应将转换开关旋转到 OFF 档或交流电压的最高档。

## 四、电位器的检测

表 1-1-4  使用固定电阻的注意事项

| 1. 将转换开关旋转到电阻档的某一倍率上 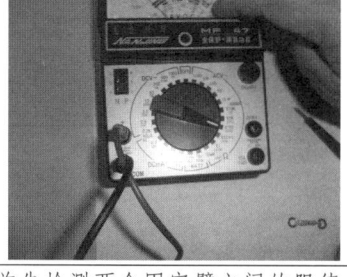 | 2. 万用表调零 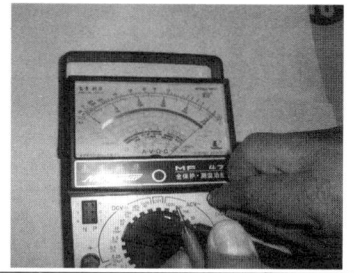 |
|---|---|
| 2. 首先检测两个固定臂之间的阻值，它的值应是标称值，如果指针不动，或测量值与标称值相差很大，说明该电位器已损坏  | 4. 把万用表的一个表笔接在两个固定臂中的任意一个上，另一表笔接在滑动臂上，慢慢地转动旋转轴，使其从一个极端转到另一个极端，万用表的指针应从标称值到零，或者从零到标称值。如果在测量过程中，万用表的指针不动或者跳动，说明电位器已经损坏或者是接触不良 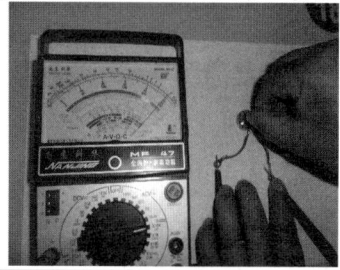 |

## 五、电阻器的参数、型号、命名方法

### （一）电阻器的参数

1. 固定电阻器的主要参数

（1）标称阻值及允许偏差（见表1-1-5）。

表1-1-5 常用电阻值的标称阻值系列

| 允许误差 | 系列代号 | 标称阻值系列 | | | | | | | | |
|---|---|---|---|---|---|---|---|---|---|---|
| ±5% | E24 | 1.0 | 1.1 | 1.2 | 1.3 | 1.5 | 1.6 | 1.8 | 2.0 | 2.2 | 2.4 |
| | | 2.7 | 3.0 | 3.3 | 3.6 | 3.9 | 4.3 | 4.7 | 5.1 | 5.6 | 6.2 |
| | | 6.8 | 7.5 | 8.2 | 9.1 | | | | | | |
| ±10% | E12 | 1.0 | 1.2 | 1.5 | 1.8 | 2.2 | 2.7 | 3.3 | 3.9 | 4.7 | 5.6 |
| | | 6.8 | 8.2 | | | | | | | | |
| ±20% | E6 | 1.0 | 1.5 | 2.2 | 3.3 | 4.7 | 6.8 | | | | |

（2）额定功率（见图1-1-1）。

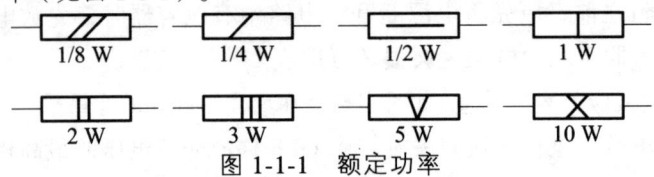

图1-1-1 额定功率

（3）温度系数。

温度系数是指电阻器的阻值随着工作温度的变化而改变的程度，这种变化将会影响电路工作的稳定性，因此应使其尽量小。

2. 电位器的参数

与固定电阻器的参数相近，有标称阻值、允许偏差、额定功率等。

### （二）电阻器的型号及命名

电阻器和电位器型号中代号及意义如表1-1-6所示。

表1-1-6 电阻器和电位器型号中代号及意义

| 第一部分 | | 第二部分 | | 第三部分 | | 第四部分 |
|---|---|---|---|---|---|---|
| 用字母表示主称 | | 用字母表示材料 | | 用数字或字母表示特征 | | 用数字表示 |
| 符号 | 意义 | 符号 | 意义 | 符号 | 意义 | |
| R<br>RP 或 W | 电阻器<br>电位器 | T | 碳膜 | 1 或 2 | 普通 | 对主称、材料相同，仅性能指标、尺寸大小有差别，但基本不影响互换使用的产品，给予同一序号；若性能指标、尺寸大小明显影响互换时，则在序号后面用大写字母作为区别代号 |
| | | J | 金属膜 | 3 | 超高频 | |
| | | U | 合成膜 | 4 | 高阻 | |
| | | C | 沉积膜 | 5 | 高温 | |
| | | H | 合成膜 | 7 | 精密 | |
| | | I | 玻璃釉膜 | 8 | 高压（电阻器） | |

续表

| 第一部分 | | 第二部分 | | 第三部分 | | 第四部分 |
|---|---|---|---|---|---|---|
| 用字母表示主称 | | 用字母表示材料 | | 用数字或字母表示特征 | | 用数字表示 |
| 符号 | 意义 | 符号 | 意义 | 符号 | 意义 | |
| R<br>RP 或 W | 电阻器<br>电位器 | J | 金属膜 | 8 | 特殊函数（电位器） | 对主称、材料相同，仅性能指标、尺寸大小有差别，但基本不影响互换使用的产品，给予同一序号；若性能指标、尺寸大小明显影响互换时，则在序号后面用大写字母作为区别代号 |
| | | Y | 氧化膜 | 9 | 特殊 | |
| | | S | 有机实芯 | G | 高功率 | |
| | | N | 无机实芯 | T | 可调 | |
| | | X | 线绕 | X | 小型 | |
| | | R | 热敏 | L | 测量用 | |
| | | G | 光敏 | W | 微调（电位器） | |
| | | M | 压敏 | D | 多圈（电位器） | |

## （三）电阻器的标注方法及识读

1. 直标法

（1）标注方法。

直标法就是用数字和文字符号在电阻器上直接标注出标称阻值、允许偏差等主要参数的方法。

（2）识读练习。

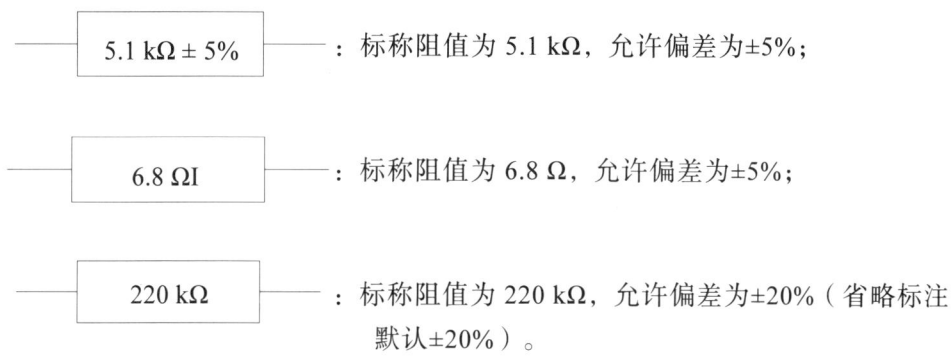

5.1 kΩ ± 5%：标称阻值为 5.1 kΩ，允许偏差为±5%；

6.8 ΩI：标称阻值为 6.8 Ω，允许偏差为±5%；

220 kΩ：标称阻值为 220 kΩ，允许偏差为±20%（省略标注默认±20%）。

2. 文字符号法

（1）标注方法。

文字符号法是用数字和文字符号或两者有规律的组合，在电阻器上标注出标称阻值、允许偏差等主要参数的方法。

（2）识读练习（见图 1-1-2）。

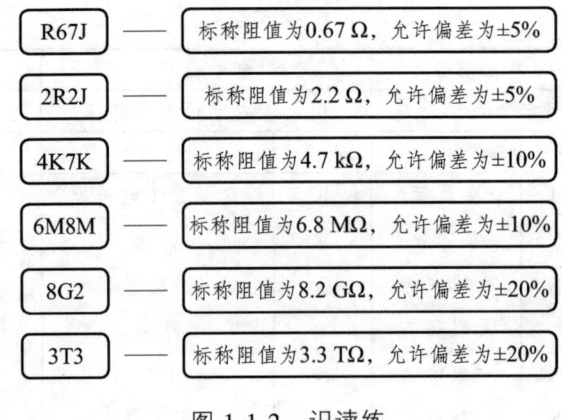

图 1-1-2 识读练

### 3. 色标法

（1）标注方法（见表 1-1-7）。

表 1-1-7 色标法中各环颜色所代表的含义

| 色环颜色 | 第一色环 第二色环（有效数字） | 第三色环 | | 第四色环 | | 第五色环 |
|---|---|---|---|---|---|---|
| | | 四色环法（倍乘数） | 五色环法（有效数字） | 四色环法（偏差） | 五色环法（倍乘数） | 五色环法（偏差） |
| 黑 | 0 | $\times 10^0$ | 0 | — | $\times 10^0$ | — |
| 棕 | 1 | $\times 10^1$ | 1 | — | $\times 10^1$ | ±1%（F） |
| 红 | 2 | $\times 10^2$ | 2 | — | $\times 10^2$ | ±2%（G） |
| 橙 | 3 | $\times 10^3$ | 3 | — | $\times 10^3$ | — |
| 黄 | 4 | $\times 10^4$ | 4 | — | $\times 10^4$ | — |
| 绿 | 5 | $\times 10^5$ | 5 | — | $\times 10^5$ | ±0.5%（D） |
| 蓝 | 6 | $\times 10^6$ | 6 | — | $\times 10^6$ | ±0.25%（C） |
| 紫 | 7 | $\times 10^7$ | 7 | — | $\times 10^7$ | ±0.1%（B） |
| 灰 | 8 | $\times 10^8$ | 8 | — | $\times 10^8$ | ±0.05%（A） |
| 白 | 9 | $\times 10^9$ | 9 | — | — | — |
| 金 | — | $\times 10^{-1}$ | — | ±5%（J） | $\times 10^{-1}$ | — |
| 银 | — | $\times 10^{-2}$ | — | ±10%（K） | $\times 10^{-2}$ | — |
| 无色 | — | — | — | ±20%（M） | — | — |

（2）识读练习。

① 四色环法（见图 1-1-3）。

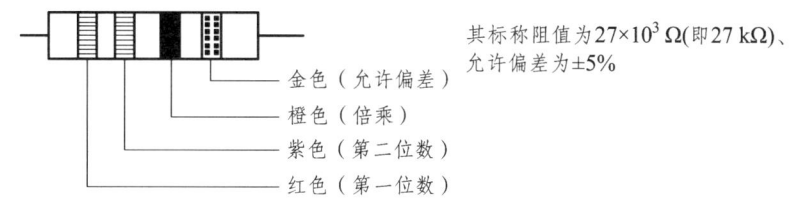

图 1-1-3　四色环法

② 五环电阻（见图 1-1-4）。

图 1-1-4　五环电阻

4. 数码法

（1）标注方法。

数码法是用 3 位数字表示电阻器阻值的方法，数字从左向右，前面的两位数为有效值，第三位数为乘数，单位为 Ω。

（2）识读练习。

例如：

512J：表示其标称阻值为 $51\times10^2$ Ω 即 5.1 kΩ，允许偏差为±5%。

473K：表示其标称阻值为 $47\times10^3$ Ω 即 47 kΩ，允许偏差为±10%。

## 【任务实施】

一、训练器材

指针式万用表、数字万用表、各种型号电阻若干。

二、训练内容

（1）根据给定的电阻元件集合，认识如下元件：RT，TJ，RY，RX，RH，及各种电位器。

（2）特殊电阻元件的认识：熔断电阻，有机实心电阻，水泥电阻，敏感电阻等。

（3）电阻器的标称系列的认识：E6，E12，E24 等系列电阻的允许偏差。

（4）电阻器阻值和误差的认知：直标法、文字符号法、数码法、色标法等方法的训练。

（5）电位器的认知与测试。

（6）万用表检测电阻器和电位器的好坏的方法的训练。

三、训练方法

教师巡回指导，学生练习。

# 【任务评价】

考核标准为百分制，每部分考核标准分数如下（见表1-1-8）：

表 1-1-8  考核标准

班级：　　姓名：　　组别：　　学号：　　得分：

| 评价指标 | 主要观测点 | 自评（20%） | 互评（20%） | 师评（60%） | 小计 |
|---|---|---|---|---|---|
| 学习态度（20分） | 1. 学习前必须认真预习学习内容，明确学习目的（4分），没有预习（0分） | | | | |
| | 2. 进入教室后，在教室内严禁高声喧哗和闲聊（4分），违规一次扣（0.5分） | | | | |
| | 3. 进入教室后，服从指导教师的任务安排，配合默契（4分）不服从指导老师的任务安排，配合不默契扣（2分） | | | | |
| | 4. 严禁携带食物和饮料进入教室（4分），违规一次扣（0.5分） | | | | |
| | 5. 爱护教室的一切设施，不得乱涂、乱写、乱刻（4分），违规一次扣（1分） | | | | |
| 学习过程（30分） | 1. 主动参与分工协作（10分）<br>2. 经劝说积极参与分工协作（8分）<br>3. 经劝说仍消极参与分工协作（4分）<br>4. 经劝说仍拒绝参与分工协作（0分） | | | | |
| | 1. 跨组积极表达正确观点，具有快速理解沟通的能力（10分）<br>2. 组内积极表达正确观点，具有快速理解沟通的能力（8分）<br>3. 不表达任何观点（0分） | | | | |
| | 1. 能够认真完成实训认任务（10分）<br>2. 能够完成任务（7分）<br>3. 能基本完成任务（3分） | | | | |
| 学习效果（50分）（作品） | 1. 认识固定电阻器和可变电阻器（15分） | | | | |
| | 2. 掌握固定电阻器及可变电阻器的参数、型号、命名方法（15分） | | | | |
| | 3. 能够使用万用表检测固定电阻器和可变电阻器的质量好坏（20分） | | | | |
| 总　计 | | | | | |

**【拓展练习】**

（1）试问怎样确认色环电阻的第一环？

（2）指针万用表若短接调不到零，怎么办？

（3）根据自己对原理的理解，用自己的话描述实训原理。

（4）根据实训过程写出关键实训步骤。

（5）根据自己的实训过程，描述实训的整个过程，并对每一问题详细写出自己如何发现问题、如何分析问题以及如何解决问题的过程。

## 任务二　电容器识读及检测

**【教学目标】**

一、知识目标

（1）从外观上认识电容器。

（2）用色环法读出电容器的标称值。

（3）用仪器测量电容器。

二、能力目标

（1）学会判断电容器好坏的方法。

（2）学会选择电容器的方法。

（3）学会色环法识读电容器

三、素养目标

（1）能吃苦耐劳，有安全责任心。

（2）工作踏实、诚实守信、善于沟通合作，服从组织领导。

（3）具有较强的专业基础知识和专业技能，能及时捕捉本专业新技术、新知识，了解该领域的发展动态和方向。

**【教学场景】**

多媒体教室、电子实训室。

**【任务描述】**

本任务学习的主要内容是电容器的认知、检测和判断方法。

**【相关知识】**

电容器由两个导体及它们之间的介质组成，具有储存电荷的能力，在电路中可用于隔直、耦合、旁路、滤波、谐振电路的调谐等，是电路中不可或缺的基本元器件之一。任何两个彼此绝缘且相隔很近的导体（包括导线）间都构成一个电容器。电容量的基本单位是法拉（F），还有 μF、nF、pF 等，其关系如下：

$$1\text{ F}=10^6\text{ μF}=10^9\text{ nF}=10^{12}\text{ pF}$$

电容器按容量能否调节可以分为固定电容器、可变电容器、微调电容器，按有无极性可分为无极性普通电容器和有极性电解电容器。电容器的文字符号为 $C$，类型如图 1-2-1 所示。

（a）固定电容器材　　（b）可变电容器　　（c）微调电容器　　（d）电解电容器

图 1-2-1　电容器的类型

## 一、常用固定电容器

常用固定电容器如表 1-2-1 所示。

表 1-2-1　常用固定电容器

| 名称 | 实物 | 特点及应用场合 |
| --- | --- | --- |
| 纸介电容器 |  | 属于无极性有机介质电容，制造工艺简单，价格低，体积大，损耗大，稳定性差，并且存在较大的固有电感，不宜在高频电路中使用 |
| 瓷介电容器 |  | 属于无极性有机介质电容，以陶瓷材料为介质制作而成，体积小，耐热性好，绝缘电阻高，稳定性好，适用于高频电路 |
| 铝电解电容器 | 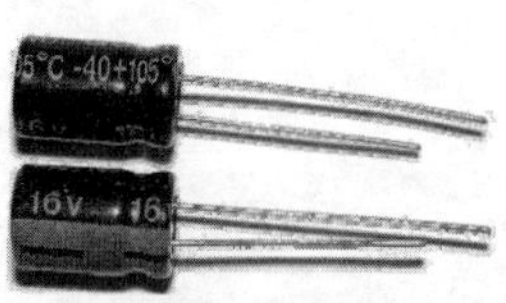 | 属于有极性电容，体积大，容量大，绝缘电阻低，漏电流大，频率特性差，容量与损耗会随周围环境和时间的变化而变化，特别是当温度过低或过高情况下，长时间不用还会失效，仅限于低频、低压电路 |
| 表面贴装式铝电解 |  | 与铝电解电容特点相似，只是焊接工艺不同，采用表面贴装技术焊接 |

续表

| 名称 | 实物 | 特点及应用场合 |
|------|------|----------------|
| 钽电解电容器 | | 用金属钽做正极,用稀硫酸等配液做负极,用钽表面生成的氧化膜做介质制成,体积小,容量大,性能稳定,寿命长,绝缘电阻大,温度特性好,用在要求较高的设备中 |
| 玻璃釉电容器 | | 属于无极性无机介质电容,其介质一般是玻璃釉粉压制的薄片,通过调整釉粉的比例可以得到不同性能的电容,其介电系数大,耐高温,抗潮湿性强 |
| 云母电容器 | | 属于无极性无机介质电容,以云母为介质,具有损耗小,绝缘电阻大,温度系数小,电容量精度高,频率特性好,但成本高,电容量小,适用于高频线路中 |
| 聚丙烯电容器 | | 属于无极性有机介质电容,具有体积小、容量大、稳定性好、绝缘阻抗大、频率响应宽等特点,而且介质损耗很小,广泛应用在模拟信号的交连,电源噪声的旁路、谐振等电路中 |

## 二、可变电容器

常用可变电容器如表 1-2-2 所示。

表 1-2-2　可变电容器

| 名称 | 实物 | 特点及应用场合 |
|------|------|----------------|
| 空气可变电容器 | | 电极由两组金属片组成,两组电极中固定不变的一组为定片,能转动的一组为动片,动片与定片之间以空气为介质。一般用在收音机、电子仪器、高频信号发生器、通信设备中 |
| 双联可变电容器 | | 在其动片与定片之间加云母或塑料薄膜作为介质,外壳为透明塑料,体积小、重量轻、杂声大、易磨损,主要用于简易收音机或电子仪器中 |

续表

| 名称 | 实物 | 特点及应用场合 |
|---|---|---|
| 四联可变电容器 | | 特点与双联可变电容器相似,常用在 AM/FM 多波段收音机中 |
| 微调电容器 | | 容量变化范围小,通常只有几皮法到几十皮法,常用在各种调谐及振荡电路中作为补偿电容器或校正电容器使用 |

## 三、固定电容器的检测

固定电容器检测如表 1-2-3 所示。

表 1-2-3 固定电容器的检测

| 1. 选择量程,一般情况下,小于 47 μF 的电容可用 $R \times 1$ k 档,大于 47 μF 的电容可用 $R \times 100$ 档测量 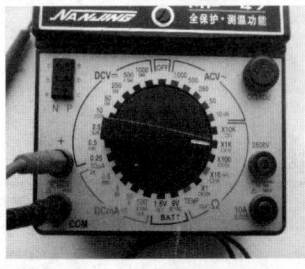 | 2. 黑表笔接电容正极,红表笔接电容负极,表针摆动的最大指示值即为该电容的容量  |
|---|---|
| 3. 将红表笔接负极,黑表笔接正极,瞬间指针向右偏转  | 4. 接着逐渐回偏,直到停止,此时阻值是电解电容的正向漏电阻。若正反向无充电现象或所测阻值很小,电容漏电大或击穿,不能使用  |

## 四、数字式万用表对电容器的检测

数字式万用表对电容器的检测如表 1-2-4 所示。

表 1-2-4  数字式万用表对电容器的检测

| 1. 测量前把电容的两极短接，放电 | 2. 按下电源开关 |
|---|---|
| 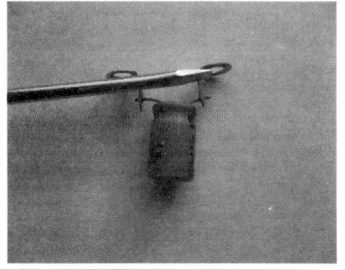 |  |
| 3. 根据电容的标称容量，选择合适的量程 | 4. 将电容直接插入 CX 插孔 |
|  |  |
| 5. 读取电容器的容量值，可以看出被测电容的容量 | |
| 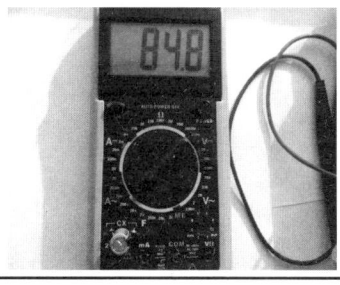 | |

注意事项：

（1）每次测量后应将电容彻底放电后，再进行测量，否则测量误差将增大。

（2）有极性电容应按正确极性接入，否则测量误差及损耗电阻将增大。

（3）注意万用表内电池电压不应高于电容额定直流工作电压，否则测量结果不准确。

## 五、电容器的主要参数

### 1. 标称容量及允许偏差

标称容量即标注在电容器外壳上的电容器容量数值。电容器的实际容量与标称容量无法做到完全一致，电容器的标称容量与实际容量的允许最大偏差范围，称为电容器的允许偏差。通常分为三个等级，即Ⅰ、Ⅱ、Ⅲ级，对应的偏差值分别为±5%、±10%、±20%。

## 2. 额定直流工作电压

额定直流工作电压是指电容器在正常环境温度下，长期可靠正常工作的最高电压，可分为额定直流工作电压和额定交流工作电压（有效值）。

## 3. 绝缘电阻

绝缘电阻是指电容器两极之间的电阻，也称漏电阻，其大小等于加在电容器两端的电压与通过电容器的漏电流的比值。它是评价电容器好坏的主要参数，通常要求绝缘电阻的值越大越好。

## 4. 温度系数

温度系数是指在一定温度范围内，温度每变化 1 ℃，电容量的相对变化值。希望温度系数越小越好。

## 5. 电容器的损耗

电容器的损耗是指电容器在电场作用下，单位时间内发热而消耗的能量。一个理想的电容器是不应该消耗电路中的能量的，但在实际使用中都会存在能量的消耗。电容器的损耗用损耗角正切表示，此值越大，表示电容器消耗的能量越大，传递能量的效率越低。对于振荡回路、滤波器及其他高频电路，应尽可能选用损耗小的电容器。

## 六、电容器标注方法及识读

### 1. 直标法

（1）标注方法。

直标法是将标称容量、允许误差及额定工作电压等参数直接标注在电容器上的一种方法。

（2）识读练习（见图 1-2-2）

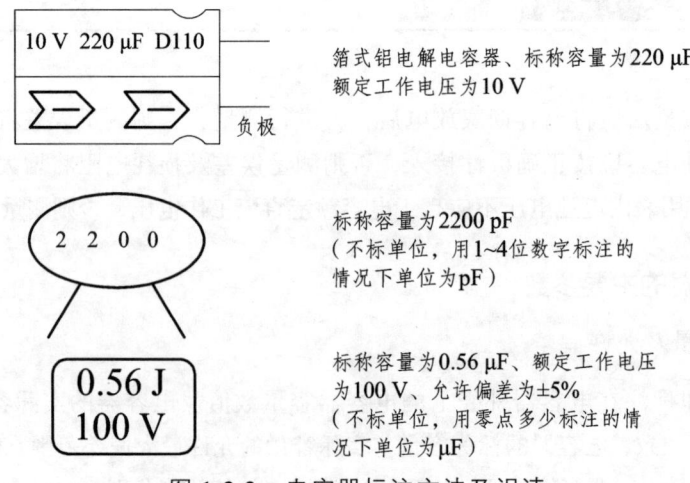

图 1-2-2　电容器标注方法及识读

2. 文字符号法

（1）标注方法。

文字符号法是利用文字和数字的有机结合将标称容量、允许误差等参数标注在电容器上的一种方法。

（2）识读练习（见图1-2-3）

图 1-2-3  文字符号法

3. 数码表示法

（1）标注方法。

数码法是用 3 位数字表示电容器容量的方法，数字从左向右，前面的两位数为有效值，第三位数为乘数，单位为 pF。

（2）识读练习（见图1-2-4）。

标称容量为$33×10^{-1}$ pF 即 3.3 pF（特殊情况，当第三位数字为"9"时，乘数表示为$10^{-1}$）

图 1-2-4  数码表示法

4. 色标法

色标法是用不同颜色的色环或色点在电容器表面标出容量和误差等参数的方法。单位为 pF，读数方法同电阻器的色标法。

【任务实施】

一、训练用工具与器材

指针万用表、数字万用表、各种型号电容器若干。

二、训练内容

（1）根据给定的电容元件集合，认识如下元件：CC，CD，CZ，CA，CB，CBB，CY，CI，CJ 等固定电容器及各种可变电容器。

（2）电容器的标称系列的认识：E6，E12，E24 等系列电阻的允许偏差。

（3）电容器容量值和误差的认知：直标法、文字符号法、数码法、色标法等方法的训练。

（4）可变电容器的认知与测试。

（5）万用表检测电容器好坏的方法。

三、注意事项

（1）学生使用万用表操作时，应严格按操作规程进行，特别注意测试大容量电容前，应放电。

（2）各种电容器等元件在使用完后应放回元件盒。

四、训练方法

教师巡回指导，学生自己练习。

【任务评价】

考核标准为百分制，每部分考核标准分数如下（见图1-2-5）：

表1-2-5　考核标准

班级：　　　姓名：　　　组别：　　　学号：　　　得分：

| 评价指标 | 主要观测点 | 自评（20%） | 互评（20%） | 师评（60%） | 小计 |
| --- | --- | --- | --- | --- | --- |
| 学习态度（20分） | 1. 学习前必须认真预习学习内容，明确学习目的（4分），没有预习（0分） | | | | |
| | 2. 进入教室后，在教室内严禁高声喧哗和闲聊（4分），违规一次扣（0.5分） | | | | |
| | 3. 进入教室后，服从指导教师的任务安排，配合默契（4分）；不服从指导老师的任务安排，配合不默契扣（2分） | | | | |
| | 4. 严禁携带食物和饮料进入教室（4分），违规一次扣（0.5分） | | | | |
| | 5. 爱护教室的一切设施，不得乱涂、乱写、乱刻（4分），违规一次扣（1分） | | | | |
| 学习过程（30分） | 1. 主动参与分工协作（10分）<br>2. 经劝说积极参与分工协作（8分）<br>3. 经劝说仍消极参与分工协作（4分）<br>4. 经劝说仍拒绝参与分工协作（0分） | | | | |
| | 1. 跨组积极表达正确观点，具有快速理解沟通的能力（10分）<br>2. 组内积极表达正确观点，具有快速理解沟通的能力（8分）<br>3. 不表达任何观点（0分） | | | | |
| | 1. 能够认真完成实训认任务（10分）<br>2. 能够完成任务（7分）<br>3. 能基本完成任务（3分） | | | | |
| 学习效果（50分）（作品） | 1. 认识各种常用电容器（15分） | | | | |
| | 2. 掌握电容器的参数、型号及命名（15分） | | | | |
| | 3. 用万用表检测电容器质量好坏（20分） | | | | |
| 总　　计 | | | | | |

## 【拓展练习】

（1）电容器主要参数有哪些？
（2）用指针万用表怎样判断电容器的好坏？
（3）电容器的标注方法有哪几种？
（4）电解电容的极性为什么不能接反？
（5）有的电解电容器的标记看不清了，如何判断其极性呢？
（6）CLX-63V-1200P；CC12-63V-300P；CT4D-40V-0.33u，它们的含义分别是什么？

# 任务三　电感器识读及检测

## 【教学目标】

一、知识目标

（1）从外观上认识电感器。
（2）用色环法读出电感器的标称值。
（3）用万用表判断电感器的质量好坏。

二、能力目标

（1）学会判断电感器好坏的方法。
（2）学会选择电感器的方法。
（3）学会色环法识读电感器。

三、素养目标

（1）通过本课程的学习，培养学生用客观的眼光看问题，培养学生严谨认真的工作态度。
（2）能吃苦耐劳，有安全责任心。
（3）工作踏实、诚实守信、善于沟通合作，服从组织领导。

## 【教学场景】

多媒体教室、电子实训室。

## 【任务描述】

本任务学习的主要内容是电感器的认知、检测和判断方法。

## 【相关知识】

电感器简称其为电感，其外形如图 1-3-1 所示。用字母 H 表示，它是能够把电能转化为磁能并存储起来的元件，其结构类似于变压器，都是用绝缘导红（例如漆包线、纱包线等）绕制而成的电磁感应元件，但它只有一个绕组，也是电子电路中常用的元器件之一。主要作用是对交流信号进行隔离（即通直流阻交流，通低频阻高频特性）滤波或与电容器组成调谐选频电路，用于筛选信号、过滤噪声等。在电子设备中，经常可以看到有许多磁环与连接电缆构成一个电感器，它是电子电路中常用的抗干扰元件，对于高频噪声有很好的屏蔽作用，故被称为吸收磁环。

图 1-3-1　电感器

## 一、常用电感器

常用电器感如表 1-3-1 所示。

表 1-3-1　常用电感器

| 名称 | 实物 | 特点及应用场合 |
|---|---|---|
| 空心电感器 |  | 空心电感器没有磁芯或铁芯，只是将导线一圈靠一圈地绕在一起，通常线圈绕的匝数较少，电感量小。通过调整空心线圈之间的间隙，可以改变电感量的大小，实现微调 |
| 磁棒电感器 |  | 输出电流大，价格低，结构坚实，用于微波消除，输出扼流，广泛应用于各类电子电路和电子设备中 |
| 磁环线圈 |  | 高效率，低温升，很好的饱和特性，抵制尖波能力强，应用于开关电源的微波抵制，电子电路中的二极管恢复特性补偿等电路 |
| 色环电感器 |  | 外层用环氧树脂处理，结构坚固，成本低，适合自动化生产，具有特殊铁芯材质，高 $Q$ 值及自共振频率，可靠度高，电感范围大，可自动插件，多用做扼流线圈 |

## 二、电感器的检测

电感器的检测如表 1-3-2 所示。

表 1-3-2　电感器的检测

| 步骤 | 图片 | 步骤 | 图片 |
|---|---|---|---|
| 1. 万用表调零 |  | 2. 将万用表置 R×1 档,红黑表笔各接电感器的任一引出端,指针向右摆动 | 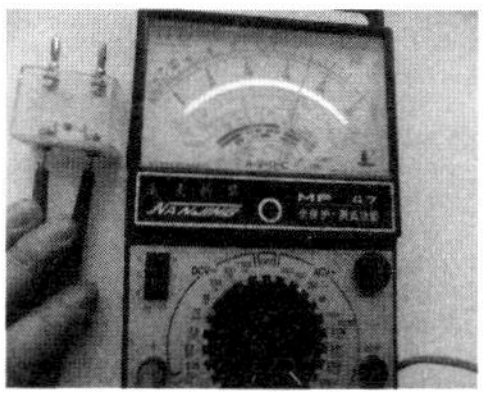 |
| 3. 读出所测电阻值为 7 Ω | 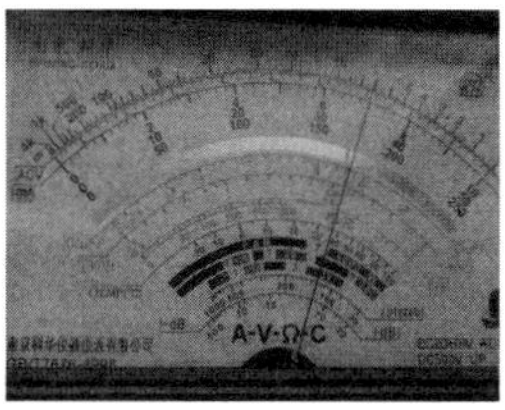 | 4. 测量完毕,把旋转开关旋转到"OFF"档 |  |

注意事项:

读数时注意区分以下三种情况:被测电感阻值为零,说明内部已短路,不能使用;被测电感阻值为无穷大,说明内部已断路,不能使用;被测电感阻值在零到无穷大之间,也就是万用表指针有摆动,这种情况电感可以使用。

## 三、电感器的主要参数

### (一)标称电感量和允许误差

1. 标称电感量

标称电感量是标志在电感器上的电感量,电感的基本单位是亨利,简称亨,用 H 表示。在实际标注中最常用的单位还有毫亨(MH)和微亨(μH),单位关系换算:1 H=1000 MH,1 MH=1000 μH。

2. 允许误差

电感的实际电感量相对于标称值的最大允许偏差范围称为允许误差,一般用于振荡或滤波等电路中的电感器要求精度较高,允许误差为±0.2%~±0.5%,而用于耦合、高频阻流圈等要求精度不高,允许偏差为±10%~±15%。

### (二)品质因数($Q$)

品质因数是表示线圈质量的物理量,用字母 $Q$ 表示。在数值上是感抗 $X_L$ 与其等效电阻 $R$ 的比值,即 $Q=X_L/R$,线圈的 $Q$ 值越高,回路的损耗就越小,效率越高。$Q$ 值的高低与线圈导线的直流电阻、线圈骨架的介质损耗及铁芯屏蔽罩等有关，通常为几十到一百。

### （三）额定电流

额定电流是保证电路正常工作时的最大电流，若工作电流超过额定电流，电感器会因发热导致性能参数改变，甚至烧毁。

### （四）分布电容（寄生电容）

分布电容是指线圈匝与匝之间、线圈与磁蕊之间存在的电容。分布电容越小电感的稳定性越好。

## 四、电感器的型号及命名

固定线圈的型号及命名方法各生产厂家不尽相同，国内较常见的命名有两种：一种由三部分构成，另一种由四部分构成。

三部分构成的主要结构为：第一部分用字母表示主称（电感器用 L 表示）；第二部分用数字表示电感量；第三部分用字母表示允许偏差（其中"J"表示±5%，"K"表示±10%，"M"表示±20%）。

四部分构成的主要结构为：第一部分用字母表示主称（电感器用 L 表示）；第二部分用字母表示特征（其中"G"表示高频）；第三部分用字母表示形式（其中"X"表示小型）；第四部分用数字表示序号。例如，LGX 型即为小型高频电感线圈。

## 五、电感器的标注方法及识读

1. 直标法

直标法是将标称电感量及允许误差等参数直接标注在电感器上的一种方法。

2. 文字符号法

文字符号法是利用文字和数字的有机结合将标称电感量、允许误差等参数标注在电感器上的一种方法，通常用在一些小功率的电感器。其单位一般为 nH 或 μH，分别用 n 或 R 表示小数点的位置。

如：4R7 表示电感量为 4.7 μH。

3. 色标法

色标法是用不同颜色的色环或色点在电感器表面标出电感量和误差等参数的方法。单位为 μH，色环识读方法与电阻相同。

4. 数码法

数码法是用 3 位数字表示电感器电感量的方法，数字从左向右，前面的两位数为有效值，第三位数为乘数，单位为 μH。

## 【任务实施】

### 一、训练用工具与器材

指针万用表、各种型号电感器若干。

### 二、训练内容

（1）根据给定的电感元件集合，认识空心电感器、铁芯电感器、磁芯电感器、可变电感器、色码电感器、片状电感器等电感元件的外形与电路符号。
（2）电感器命名方法、标注方法的训练。
（3）万用表检测电感器方法的训练。
（4）变压器的认识：低频、中频、天线、电源变压器的外形与电路符号。
（5）变压器的一般检测方法的训练。

### 三、注意事项

（1）学生使用万用表操作时，应严格按操作规程进行。
（2）各种元件在使用完后应放回元件盒。

### 四、训练方法

教师巡回指导，学生自己练习。

## 【任务评价】

考核标准为百分制，每部分考核标准分数如下（见表 1-3-3）：

表 1-3-3

班级：　　　姓名：　　　组别：　　　学号：　　　得分：

| 评价指标 | 主要观测点 | 自评（20%） | 互评（20%） | 师评（60%） | 小计 |
|---|---|---|---|---|---|
| 学习态度（20分） | 1. 学习前必须认真预习学习内容，明确学习目的（4分），没有预习（0分） | | | | |
| | 2. 进入教室后，在教室内严禁高声喧哗和闲聊（4分），违规一次扣（0.5分） | | | | |
| | 3. 进入教室后，服从指导教师的任务安排，配合默契（4分），不服从指导老师的任务安排，配合不默契扣（2分） | | | | |
| | 4. 严禁携带食物和饮料进入教室（4分），违规一次扣（0.5分） | | | | |

续表

| 评价指标 | 主要观测点 | 自评（20%） | 互评（20%） | 师评（60%） | 小计 |
|---|---|---|---|---|---|
| | 5. 爱护教室的一切设施，不得乱涂、乱写、乱刻（4分），违规一次扣（1分） | | | | |
| 学习过程（30分） | 1. 主动参与分工协作（10分）<br>2. 经劝说积极参与分工协作（8分）<br>3. 经劝说仍消极参与分工协作（4分）<br>4. 经劝说仍拒绝参与分工协作（0分） | | | | |
| | 1. 跨组积极表达正确观点，具有快速理解沟通的能力（10分）<br>2. 组内积极表达正确观点，具有快速理解沟通的能力（8分）<br>3. 不表达任何观点（0分） | | | | |
| | 1. 能够认真完成实训认任务（10分）<br>2. 能够完成任务（7分）<br>3. 能基本完成任务（3分） | | | | |
| 学习效果（50分）（作品） | 1. 认识常用电感器（15分） | | | | |
| | 2. 掌握电感器参数、型号及命名（15分） | | | | |
| | 3. 用万用表检测电感器质量好坏（20分） | | | | |
| 总　计 | | | | | |

## 【拓展练习】

（1）电感器主要参数有哪些？

（2）用指针万用表怎样判断电感器的好坏？

（3）用指针万用表、数字万用表检测色坏电感、色码电感。

（4）怎样识别色码电感的电感量？

（5）如何区分收音机的输入和输出变压器？

# 项目二　半导体器件基本知识及识读

## 任务一　二极管基本知识及检测

【教学目标】

一、知识目标

（1）常用二极管的外形特征。

（2）常用二极管的基本功能。

（3）半导体二极管的主要参数和标注识别。

二、能力目标

（1）能识别各种型号、各种类型的二极管。

（2）用万用表判断二极管的质量好坏。

（3）能够根据不同的电路正确选择不同型号的二极管。

三、素养目标

（1）通过学习培养学生良好的职业素养及综合职业能力，培养认真做事习惯，培养耐心做事习惯。

（2）能吃苦耐劳，有安全责任心。

（3）工作踏实、诚实守信、善于沟通合作，服从组织领导。

【教学场景】

多媒体教室、电子实训室。

【任务描述】

本任务学习的主要内容是二极管的认知、检测和判断方法。

【相关知识】

二极管又称晶体二极管，简称二极管。它是最常用的电子元件之一，最大的特性就是单向导电性，即电流只可以从二极管的一个方向流过。二极管的外形如图2-1-1、2-1-2所示，它可用于整流、稳压、限幅、检波、混频等模拟和脉冲电路中。

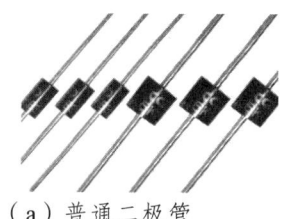 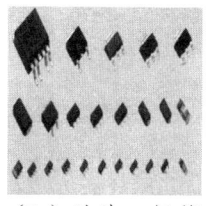 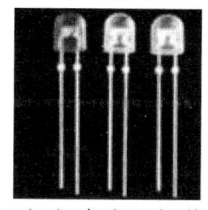

（a）普通二极管　　　（b）贴片二极管　　　（c）发光二极管

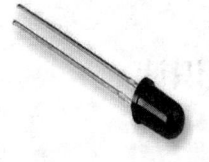　　　　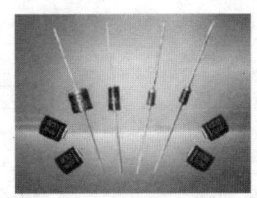

　　（d）光电二极管　　　　（e）激光二极管　　　　（f）瞬态抑制二极管

图 2-1-1　二极管类型

## 一、常用二极管的基本功能

### （一）整流二极管及其应用

利用二极管的单向导电性，可构成整流电路，将交流电变成同相脉动的直流电。如图 2-1-2 所示是桥式整流电路图，四只二极管交替工作，上半个周期 $V_1$、$V_3$ 导通，$V_2$、$V_4$ 截止，负载 $R_L$ 得到从上至下的电流，下半个周期 $V_1$、$V_3$ 截止，$V_2$、$V_4$ 导通，负载 $R_L$ 上仍然得到从上至下的电流，所以在整个周期内负载都能得到同方向的脉动电流，如图 2-1-3 所示。

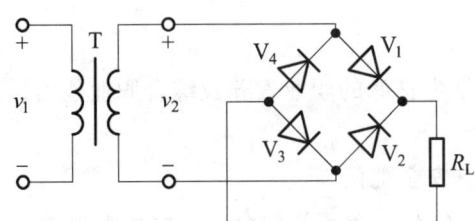

图 2-1-2　桥式整流电路

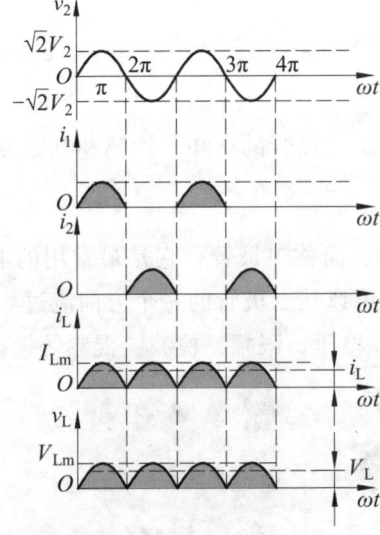

图 2-1-3　桥式整流工作波形图

## (二)稳压二极管的稳压电路

稳压电路：抑制电网电压和整流电路负载变化引起的输出电压变化，将平滑的直流电变成稳定的直流电。图 2-1-4 中 V 为稳压管，起电流调整作用；R 为限流电阻，起电压调整作用。

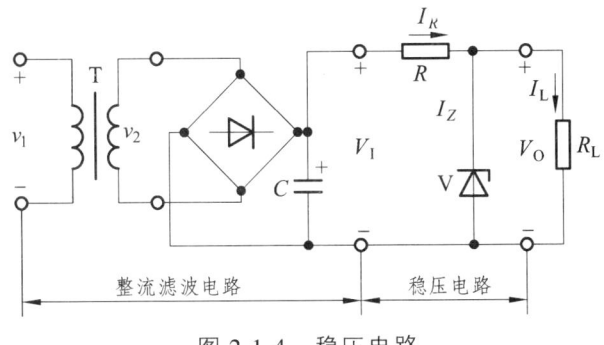

图 2-1-4　稳压电路

硅稳压二极管的特性：

(1) 稳压管工作在反向击穿状态。

(2) 当工作电流 $I_Z$ 满足 $I_A<I_Z<I_B$ 条件时，稳压管两端电压 $V_Z$ 几乎不变。

电路的稳压过程：

$V_O\downarrow \to I_Z\downarrow \to I_R\downarrow \to V_R\downarrow \to V_O\uparrow$

应用：小功率场合。

## (三)检波二极管及其应用

检波二极管是利用二极管的单向导电性，把叠加在高频载波上的低频信号检出来的器件，这种二极管具有较高的检波效率和良好的频率特性，常用在收音机的检波电路中。

## (四)发光二极管

发光二极管常用于显示器件或光电控制电路中的光源。这种二极管是一种利用正向偏置时 PN 结两侧的多数载流子直接复合释放出光能的发射器件，通常用砷化镓、磷化镓等化合物制成。发光二极管在正常工作时，处于正向偏置状态，在正向电流达到一定值时就发光。采用不同材料制成的发光二极管可以发出不同颜色的光，常见的有红光、黄光、绿光、橙光等。

## (五)光电二极管

光电二极管又称光敏二极管，它的特点是当受到光照时，二极管反向阻抗会随之变化，即随着光照射的增强，反向阻抗会由大变小，利用这一特性，光电二极管常用作光电传感器件使用。

## （六）变容二极管

变容二极管是利用 PN 结的电容随所加偏压而变化这一特性制成的非线性半导体元件，在电路中起电容器的作用。它被广泛用于超高频电路中的参量放大器、电子调谐器及倍频器等高频和微波电路中。

变容二极管为反偏压二极管，其结电容就是耗尽层的电容，电容的大小除了与本身的结构和制造工艺有关外，还与外加电压有关，结电容随反向电压的增大而减小。

## （七）开关二极管

开关二极管是利用半导体二极管的单向导电性，对电路进行"开""关"控制。这种二极管导通/截止速度非常快，能满足高频和超高频电路的需要，广泛应用于开关及自动控制等电路中。开关二极管的开关时间很短，是一种非常理想的无触点电子开关，具有开关速度快、体积小、寿命长、可靠性高等特点。

## （八）双向触发二极管

双向触发二极管（简称 DIAC）是具有对称性的两端半导体器件，常用来触发晶闸管，或用于过压保护、定时、移相电路。

## 二、半导体二极管的主要参数和标注识别

### （一）半导体二极管的主要参数

1. 共性参数

（1）最大整流电流 $I_{OM}$：最大整流电流是指二极管长期连续工作时，允许通过的最大正向平均电流值，电流超过允许值时，PN 结将因过热而烧坏，在整流电路中，二极管的正向电流必须小于该值。

（2）最大反向电压 $U_{RM}$：最大反向电压是指保证二极管不被击穿而给出的最高反向工作电压。有关手册上给出的最大反向电压约为击穿电压的一半，以确保二极管安全工作。在电路中如二极管受到过高的反向电压，则会损坏。

（3）最大反向电流 $I_{RM}$：最大反向电流是指二极管在规定温度的工作状态下加上最大反向电压时的反向电流。反向电流越大，说明二极管的单向导电性越差，且受温度影响也越大；反向电流越小，说明二极管的单向导电性越好。硅管的反向电流较小，一般在几微安以下；锗管的反向电流较大，一般在几十微安至几百微安。值得注意的是，反向电流与温度有着密切的关系，大约温度每升高 10 ℃，反向电流增大一倍。

（4）最高工作频率 $F_M$：最高工作频率是指二极管能正常工作的最高频率。选用二极管时，必须使它的工作频率低于最高工作频率，超过此值时，由于结电容的作用，二极管将不能很好地体现单向导电性。

2. 特殊参数

（1）稳压二极管的最大工作电流和稳定电压。

稳压二极管的最大工作电流是指稳压二极管长时间工作时允许通过的最大反向电流值，在使用稳压二极管时，其工作电流不能超过这个数值，否则可能会把稳压二极管烧坏。在实际电路中通常使用限流电阻，对稳压二极管进行保护。

稳压二极管的稳定电压是指在起稳压作用的范围内，稳压二极管两端的反向电压值。

（2）变容二极管的结电容变化范围和品质因数。

变容二极管的结电容是指在特定反向偏压下，变容二极管内部 PN 结的电容，在实用电路中，它作为一个微调电容，改变偏压的值，就可以改变其电容的大小，常用在调谐电路中，与电感 $L$ 构成谐振电路。

结电容的变化范围是指反向电压从零伏变化到某一值时结电容变化的范围。

品质因数则是指电容器存储的能量与损耗的能量之比值。

（3）发光二极管的发光强度和发光波长。

发光二极管的发光强度是表示发光二极管亮度的指数，其值为通过规定的电流时在管芯垂直方向上单位面积所通过的光能量，单位是 mcd。

发光二极管的发光波长是发光二极管在一定工作条件下所发出光的峰值对应的波长，也称峰值波长。发光二极管的发光颜色与发光波长有关。

（4）开关二极管的反向恢复时间和正向电流。

反向恢复时间是衡量开关管特性好坏的一个参数。开关二极管的开关时间为开能时间和反向恢复时间的总和。开通时间是指开关二极管从截止至导通所需的时间，反向恢复时间远大于开通时间，一般硅开关二极管的反向恢复时间为 3~10 ns；锗开关二极管的反向恢复时间要长一些。

正向电流是反映开关二极管在正向工作电压下工作时允许通过开关管的正向电流。

### （二）半导体二极管的命名规则

1. 国产二极管命名规则

根据国家标注规定，二极管的型号命名由 5 个部分构成。

第一部分：产品名称，用数字"2"表示，表示有效极性引脚；

第二部分：材料/极性，用字母表示，表示二极管的材料的极性（见表 2-1-1）；

第三部分：类型，用字母表示，表示二极管的类型（见表 2-1-2）；

第四部分：序号，用数字表示，表示同类产品中不同品种，以区分产品的外形尺寸和性能指标等，有时会被省略；

第五部分：规格号，表示二极管生产的规格型号，有时会被省略。

表 2-1-1　材料-极性的符号、意义对照表

| 符号 | 意义 | 符号 | 意义 |
|---|---|---|---|
| A | N型锗材料 | D | P型硅材料 |
| B | P型锗材料 | E | 化合物材料 |
| C | N型硅材料 |  |  |

表 2-1-2　类型的符号、意义对照表

| 符号 | 意义 | 符号 | 意义 |
|---|---|---|---|
| P | 普通管 | V | 微波管 |
| W | 稳压管 | C | 参量管 |
| L | 整流堆 | JD | 激光管 |
| N | 阻尼管 | S | 隧道管 |
| Z | 整流管 | CM | 磁敏管 |
| U | 光电管 | H | 恒流管 |
| K | 开关管 | Y | 体效应管 |
| B | 变容管 | EF | 发光二极管 |
| G | 高频小功率管 | D | 低频大功率管 |
| X | 低频小功率管 | A | 高频大功率管 |

例如：2AP9，根据规定可知："2"是二极管的名称代号，"A"表示该二极管是N型锗材料二极管，"P"则表明该二极管为普通管，"9"则为二极管的编号。

2. 日本二极管的命名及规格标志

日本生产的二极管标注由 7 个部分构成（通常只会用到前 5 个部分）：

第一部分：有效极数或类型，用数字表示，表示有效极性引脚（见表 2-1-3）；

第二部分：注册标志，日本电子工业协会 JELA 注册标志，用字母表示，S 表示已在日本电子工业协会 JEIA 注册登记的半导体器件；

第三部分：材料/极性，用字母表示，表示二极管使用材料极性和类型；

第四部分：序号，用数字表示在日本电子工业协会 JEIA 登记的顺序号，不同公司的性能相同的器件可以使用同一顺序号；数字越大，越是近期产品；

第五部分：规格号，用字母表示同一型号的改进型产品标志。A、B、C、D、E、F 表示这一器件是原型号产品的改进产品。

表 2-1-3　有效极数或类型的符号、意义对照表

| 符号 | 意义 | 符号 | 意义 |
|---|---|---|---|
| 0 | 光电（光敏）二极管 | 2 | 三极或两个PN结的二极管 |
| 1 | 二极管 | 3 | 四极或三个PN结的二极管 |

### 3. 美国二极管的命名及规格标志

根据美国电子工业协会规定，二极管型号命名由 5 个部分构成，具体命名规则如下：

第一部分：类型，表示器件的用途类型。

第二部分：有效极数：用数字表示，表示有效 PN 结极数。

第三部分：注册标志，美国电子工业协会注册标志。N 表示该器件已在美国电子工业协会（EIA）注册登记。

第四部分：序号，用多位数字表示，美国电子工业协会登记顺序号。

第五部分：规格号，用字母表示同一型号的改进型产品标志。A、B、C、D…同一型号器件的不同档别用字母表示，见表 2-1-4 所示。

表 2-1-4　类型的符号、意义对照表

| 符号 | 意义 | 符号 | 意义 |
| --- | --- | --- | --- |
| JAN | 军级 | JANS | 宇航级 |
| JANTX | 特军级 | 无 | 非军用品 |
| JANTXV | 超特军级 | | |

表 2-1-5　有效极数的符号、意义对照表

| 符号 | 意义 | 符号 | 意义 |
| --- | --- | --- | --- |
| 1 | 二极管（1 个 PN 结） | 3 | 三个 PN 结 |
| 2 | 三极管（2 个 PN 结） | $n$ | $n$ 个 PN 结 |

## 三、普通二极管的检测

### （一）硅管和锗管的判别

1. 测电阻法

通常功率锗二极管的正向电阻为 300～500 Ω，硅二极管为 1 kΩ。锗管反向电阻为几十千欧，硅管反向电阻在 500 kΩ 以上（大功率二极管的数值要小的多），用万用表的电阻档，选择适当的量程，测量二极管的正反向电阻，就可以判断出是硅管还是锗管。

2. 估测正向压降法

选用万用表的 $R\times 1$ k 或 $R\times 100$ 档，黑表笔接二极管的正极，红表笔接二极管的负极，读出指针占满偏的百分数，如果占电阻档满偏时的 75%～80%时为锗管，占满偏时的 50%左右时为硅管（因为硅二极管的正向压降为 0.6～0.7 V，锗二极管的正向压降为 0.1～0.3 V）。如图 2-1-5 所示为锗二极管。

图 2-1-5　估测正向压降法

3. 数字万用表对硅管和锗管的判别

用数字万用表的二极管档，测量二极管的正向压降，根据硅二极管和锗二极管的正向压降的不同，来区分两种不同的二极管。方法如表 2-1-6 所示。

表 2-1-6　用数字万用表判别硅管和锗管

| 步骤 | 图示 | 操作要领 |
| --- | --- | --- |
| 步骤一 |  | 把数字万用表选择二极管档，红表笔接二极管的正极，黑表笔接二极管的负极 |
| 步骤二 |  | 读取数值，如果仪表显示 0.500～0.700，被测管为硅管，如果显示 0.150～0.300，表明被测管为锗管，此二极管为硅管 |

说明：此测量是以小功率二极管为例，对于大功率二极管，显示值可以达到 1 V 以上。

## （二）二极管极性的判别

1. 用指针万用表判别二极管的极性

通常情况下，在二极管上有色环的一端为二极管的负极，如果极性无法判定时，可根据二极管的正向电阻小，反向电阻大的特点来判别二极管的极性。

将万用表置于 $R \times 100$ 档或 $R \times 1\,\text{k}$ 档（不用 $R \times 1$ 档，因为 $R \times 1$ 档使用的电流太大，

容易把二极管烧坏，不用 $R\times 10$ 档，因为 $R\times 10$ 档电压太高，可能击穿二极管），两表笔分别接二极管的两个电极，测出两个结果，所测阻值较小的一次，与黑表笔相接的一端即为二极管的正极。同理，在所测得阻值较大的一次，与黑表笔相接的一端为二极管的负极。如果测得的反向电阻很小，说明二极管内部短路；若正向电阻很大，则说明二极管内部断路。这两种情况，二极管就已经报废，不能再用了，如表 2-1-7 所示。

表 2-1-7　用指针万用表测二极管的极性

| 步骤 | 图示 | 操作要领 |
| --- | --- | --- |
| 步骤一 |   | 将万用表置于 $R\times 100$ 档或 $R\times 1\text{k}$ 档，两表笔分别接二极管的两个电极，测出一个电阻值 |
| 步骤二 |   | 将两表笔对换一下，测出另一个电阻值 |
| 步骤三 | 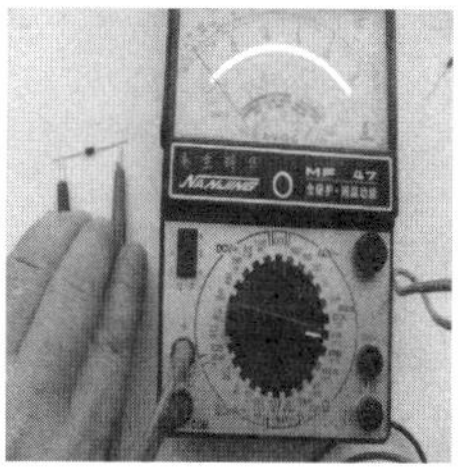  | 比较两个电阻值的大小，阻值小的一次，与黑表笔相接的一端为二极管的正极 |

2. 用数字万用表判别二极管的极性

表 2-1-8　用数字万用表测二极管的极性

| 步骤 | 图示 | 操作要领 |
| --- | --- | --- |
| 步骤一 | 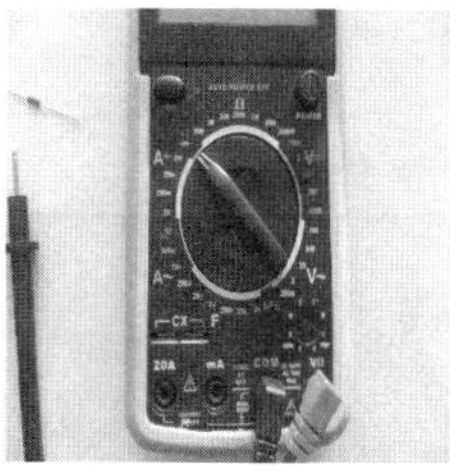  | 将数字万用表置于二极管档，此时红表笔带正电，黑表笔带负电，两表笔分别接二极管的两引脚 |

续表

| 步骤 | 图示 | 操作要领 |
|---|---|---|
| 步骤二 |   | 按下电源开关 |
| 步骤三 | 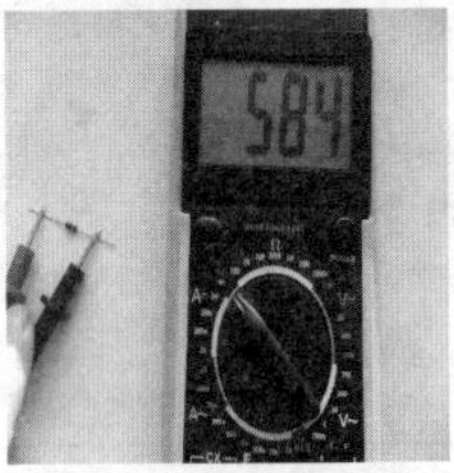  | 如果显示值在1V以下，说明管子处于正向导通状态，红表笔接的是正极，黑表笔接的是负极 |
| 步骤四 | 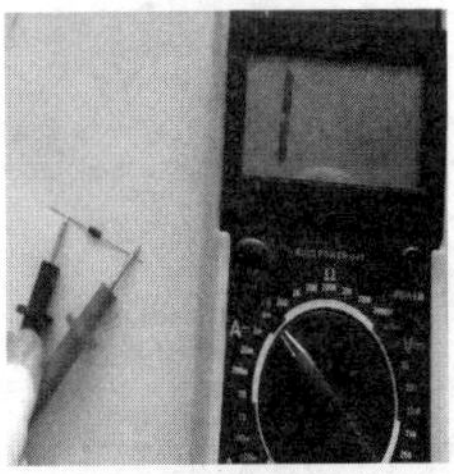  | 如果显示值"1"，说明管子处于反向无截止状态，黑表笔接的是正极，红表笔接的是负极 |
| 步骤五 |   | 如果两次显示值均为"000"，说明管子已经被击穿 |
| 步骤六 | 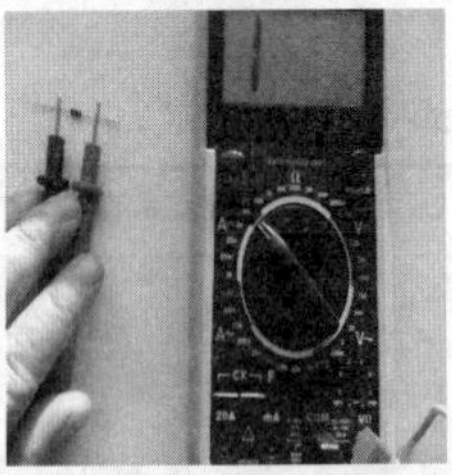  | 如果两次显示值均为"1"，说明管子内部已经断路 |

3. 二极管好坏的判定

通常，锗材料二极管的正向电阻值为 1 kΩ 左右，反向电阻值为 300 Ω 左右。硅材料二极管的电阻值为 5 kΩ 左右，反向电阻值为∞（无穷大）。正向电阻越小越好，反向电阻越大越好。正、反向电阻值相差越悬殊,说明二极管的单向导电特性越好。若测得二极管的正、反向电阻值均接近 0 或阻值较小,则说明该二极管内部已击穿短路或漏电损坏。若测得二极管的正、反向电阻值均为无穷大,则说明该二极管已开路损坏。

### 四、稳压二极管的检测

#### (一)极性的判定

从外形上看,如图 2-1-6 所示,金属封装稳压二极管管体的正极一端为平面形,负极一端为半圆面形。塑封稳压二极管管体上印有彩色标记的一端为负极,另一端为正极。对标志不清楚的稳压二极管,也可以用万用表判别其极性,测量的方法与普通二极管相同,即用万用表 $R\times 1\,\text{k}$ 档,将两表笔分别接稳压二极管的两个电极,测出一个结果后,再对调两表笔进行测量。在两次测量结果中,阻值较小那一次,黑表笔接的是稳压二极管的正极,红表笔接的是稳压二极管的负极。

(a)          (b)

图 2-1-6   稳压二极管外形

若测得稳压二极管的正、反向电阻均很小或均为无穷大,则说明该二极管已击穿或开路损坏。

#### (二)稳压值的测量

要测量稳压二极管的稳压值,必须使二极管进入反向击穿状态,所以电源电压要大于被测二极管的稳定电压,这样,就必须用万用表的高电阻档(如 $R\times 10\text{K}$ 档),这时表内电池是电压较高的层叠电池。测量方法如表 2-1-9 所示。

表 2-1-9   用万用表测稳压二极管的稳压值

| 步骤 | 图示 | 操作要领 |
| --- | --- | --- |
| 步骤一 |  | 将万用表置于 $R\times 10\,\text{k}$ 档,两表笔分别接二极管的两个电极,测出一个电阻值 $R_x$ 为 $2\times 10\,\text{k}\Omega$ |

续表

| 步骤 | 图示 | 操作要领 |
|---|---|---|
| 步骤二 | $V=9×20k/$<br>$(20k+10k×16.5)$<br>$=0.97\ V$ | 根据公式 $V=E×R_x/(R_x+n×R_0)$，其中 $E$ 为 $R×10\ k$ 档电池电压值，$n$ 为档的倍率数，$R_0$ 为万用表中心电阻值 |
| 步骤三 | | 如果实测值 $R_x$ 非常大（接近∞），表示被测二极管稳压值大于 $E$，无法将被测管击穿。如果实测值极小，接近于零或只有几欧，则表笔接反，只要将表笔互换就可以进行测量 |

## 五、发光二极管的检测

### （一）用指针万用表检测

1. 正、负极的判别

将发光二极管放在一个光源下，分辨两个金属片的大小，通常金属片大的一端为负极，金属片小的一端为正极。长引线的为正极，短引线的为负极，如图 2-1-7 所示。

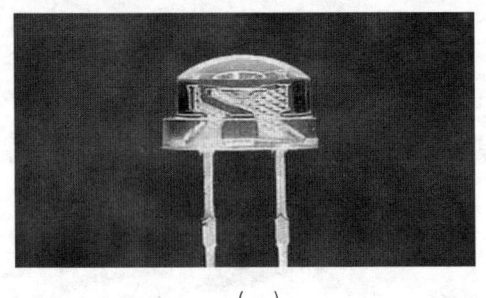
（a）
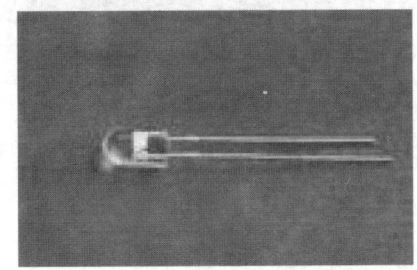
（b）

图 2-1-7　发光二极管的极性

2. 性能好坏的判断

用万用表 $R×10\ k$ 档，测量发光二极管的正、反向电阻值。正常时，正向电阻值（黑表笔接正极时）为 $10\sim20\ k\Omega$，反向电阻值为 $250\ k\Omega\sim\infty$（无穷大）。较高灵敏度的发光二极管，在测量正向电阻值时，管内会发微光。若用万用表 $R×1\ k$ 档测量发光二极管的正、反向电阻值，则会发现其正、反向电阻值均接近∞（无穷大），这是因为发光二极管的正向压降大于 $1.6\ V$（高于万用表 $R×1\ k$ 档内电池的电压值 $1.5\ V$）的缘故。用万用表的 $R×10\ k$ 档对一只 $220\ \mu F/25\ V$ 电解电容器充电（黑表笔接电容器正极，红表笔接电容器负极），再将充电后的电容器正极接发光二极管正极、电容器负极接发光二极管负极，若发光二极管有很亮的闪光，则说明该发光二极管完好。

## (二)数字万用表对发光二极管的检测

1. 使用二极管档检测(见表2-1-10)

表2-1-10 用数字万用表二极管档检测发光二极管

| 步骤 | 图示 | 操作要领 |
|---|---|---|
| 步骤一 | 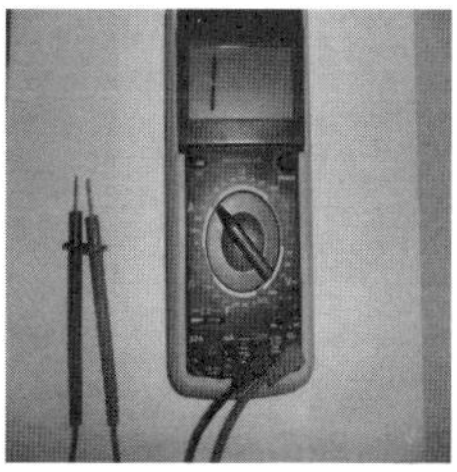 | 将数字万用表置于二极管档,红表笔接正极,黑表笔接负极 |
| 步骤二 | 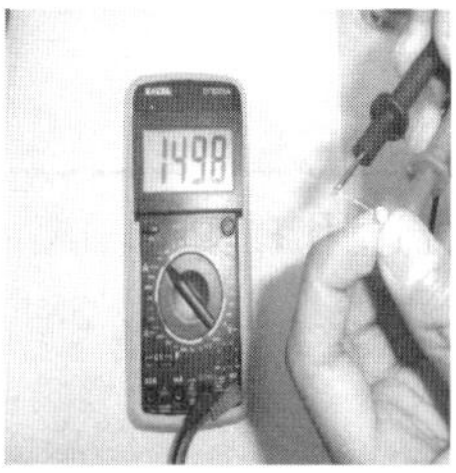 | 此时,二极管会发出微弱的红光,仪表显示正向压降为 1.498 V |
| 步骤三 |  | 将红黑表笔对调测量,显示出"1",说明管子正常。 |

在以上测试中,若正反向测量值均显示为"0000",说明管子已经击穿;若均显示"1",说明管子内部已经断路。

2. 使用 $h_{FE}$ 档检测发光二极管

检测方法如表2-1-11所示。

表2-1-11 用数字万用表 $h_{FE}$ 档检测发光二极管

| 步骤 | 图示 | 操作要领 |
|---|---|---|
| 步骤一 |  | 将数字万用表置于 $h_{FE}$ 档,利用 NPN 插孔,把被测管子的正极插入 C 孔,负极插入 E 孔 |

续表

| 步骤 | 图示 | 操作要领 |
|---|---|---|
| 步骤二 | | 观察管子的情况,如果能正常发光,说明管子良好 |
| 步骤三 | | 检测时,如果把被测二极管的极性接反,或者内部断路不能发光 |

说明:此法可检测 $\phi 3 \sim \phi 8$ 的发光二极管,若选用 PNP 插孔,则应将被测管的正极插入 E 孔,向极插入 C 孔。

## 六、光电二极管的检测

光电二极管的种类很多,主要应用在红外遥控电路中。为减少可见光的干扰,常采用黑色树脂封装,可滤掉 700 nm 波长以下的光线。光电二极管对长方形的管子,往往做出标记角,指示受光面的方向。一般情况下管脚长的为正极。光电二极管的管芯主要用硅材料制作。外形如图 2-1-8 所示。

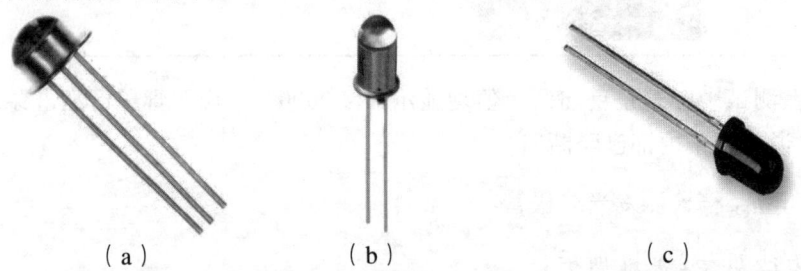

(a)　　　　　(b)　　　　　(c)

图 2-1-8　光电二极管外形

对光电二极管有以下几种方法(见表 2-1-12):

表 2-1-12　用指针万用表检测光电二极管

| 方法 | 图示 | 操作要领 |
|---|---|---|
| 电阻测量法 | | 用万用表 $R \times 100$ 或 $R \times 1\ \text{k}$ 档。像测普通二极管一样,正向电阻应为 $10\ \text{k}\Omega$ 左右 |

续表

| 方法 | 图示 | 操作要领 |
|---|---|---|
| 电阻测量法 | | 无光照射时，反向电阻应为∞，然后让光电二极管见光，光线越强反向电阻应越小。光线特强时反向电阻可降到 1 kΩ 以下。这样的管子就是好的。若正反向电阻都是∞或零，说明管子是坏的 |
| 电压测量法 | | 把万用表接在直流 1 V 左右的档位。红表笔接光电二极管正极，黑表笔接负极，在阳光或白炽灯照射下，其电压与光照强度成正比，一般可达 0.2～0.4 V。 |

## 七、激光二极管的检测

1. 阻值测量法

拆下激光二极管，用万用表 R×1 k 或 R×10 k 档测量其正、反向电阻值。正常时，正向电阻值为 20～40 kΩ 之间，反向电阻值为∞（无穷大）。若测得正向电阻值已超过 50 kΩ，则说明激光二极管的性能已下降。若测得的正向电阻值大于 90 kΩ，则说明该二极管已严重老化，不能再使用了。

2. 电流测量法

用万用表测量激光二极管驱动电路中负载电阻两端的电压降，再根据欧姆定律估算出流过该管的电流值，当电流超过 100 mA 时，若调节激光功率电位器，而电流无明显的变化，则可判断激光二极管严重老化。若电流剧增而失控，则说明激光二极管的光学谐振腔已损坏。

注意事项：

（1）用万用表测量二极管时，二极管的正向电阻在 10 kΩ 左右，反向电阻为无穷大，则说明二极管质量良好；若测得正向电阻较大，在 50 kΩ 左右，反向电阻为无穷大，则说明二极管单向导电性能不好，不能使用，若测得正反向电阻都为零，则说明二极管内部短路，不能使用，若测得二极管正反向电阻都为无穷大，则二极管内部断路，不能使用。

（2）检波二极管正向电阻约为 5.5 kΩ，反向电阻无穷大。

（3）用万用表检测发光二极管时，选择量程为 R×1 k 档，正向电阻为 20 kΩ，反向电阻为无穷大。

## 【任务实施】

一、训练器材

指针式万用表、数字万用表、各种型号二极管若干。

## 二、训练内容

（1）根据给定的元件集合，认识不同规格、类型的半导体二极管若干。

（2）二极管的标称系列的认识：各系列二极管的允许偏差。

（3）二极管值和误差的认知：各种方法的训练。

（4）二极管的认知与测试。

（5）万用表检测二极管好坏的方法的训练。

## 三、训练方法

教师巡回指导，学生练习。

【任务评价】

考核标准为百分制，每部分考核标准分数如表2-1-13所示：

表 2-1-13  考核标准

班级：　　　姓名：　　　组别：　　　学号：　　　得分：

| 评价指标 | 主要观测点 | 自评（20%） | 互评（20%） | 师评（60%） | 小计 |
|---|---|---|---|---|---|
| 学习态度（20分） | 1. 学习前必须认真预习学习内容，明确学习目的（4分），没有预习（0分） | | | | |
| | 2. 进入教室后，在教室内严禁高声喧哗和闲聊（4分），违规一次扣（0.5分） | | | | |
| | 3. 进入教室后，服从指导教师的任务安排，配合默契（4分），不服从指导老师的任务安排，配合不默契扣（2分） | | | | |
| | 4. 严禁携带食物和饮料进入教室（4分），违规一次扣（0.5分） | | | | |
| | 5. 爱护教室的一切设施，不得乱涂、乱写、乱刻（4分），违规一次扣（1分） | | | | |
| 学习过程（30分） | 1. 主动参与分工协作（10分）<br>2. 经劝说积极参与分工协作（8分）<br>3. 经劝说仍消极参与分工协作（4分）<br>4. 经劝说仍拒绝参与分工协作（0分） | | | | |
| | 1. 跨组积极表达正确观点，具有快速理解沟通能力（10分）<br>2. 组内积极表达正确观点，具有快速理解沟通能力（8分）<br>3. 不表达任何观点（0分） | | | | |
| | 1. 能够认真完成实训认任务（10分）<br>2. 能够完成任务（7分）<br>3. 能基本完成任务（3分） | | | | |

续表

| 评价指标 | 主要观测点 | 自评（20%） | 互评（20%） | 师评（60%） | 小计 |
|---|---|---|---|---|---|
| 学习效果（50分）（作品） | 1. 认识各种型号常用二极管（15分） | | | | |
| | 2. 掌握二极管的特点、参数、型号及命名方法（15分） | | | | |
| | 3. 掌握用万用表检测各种二极管（整流二极管、稳压二极管、发光二极管等）性能的方法（20分） | | | | |
| 总　计 | | | | | |

**【拓展练习】**

（1）怎样判断二极管的极性？

（2）怎样判断二极管质量的好坏？

（3）怎样检测发光二极管？

（4）怎样判断二极管是硅管还是锗管？

（5）分别用 $R\times100$ 档和 $R\times1\,k$ 档测得的二极管的正向电阻值相等吗？

（6）能用 $R\times10\,k$ 档测量二极管的正向电阻吗？为什么？

# 任务二　三极管基本知识及检测

**【教学目标】**

一、知识目标

（1）了解常用三极管的外形特征。

（2）了解常用三极管的基本功能。

（3）掌握半导体三极管的主要参数和标注识别。

二、能力目标

（1）能识别各种型号、各种类型的三极管。

（2）掌握半导体三极管的检测方法。

（3）能够理解设计三极管放大电路。

三、素养目标

（1）通过本课程学习，培养学生用客观的眼光看问题，培养学生严谨认真的工作态度，培养细心做事习惯。

（2）能吃苦耐劳，有安全责任心。

（3）具有较强的专业基础知识和专业技能，能在工作实践中不断提高专业技术水平，能及时捕捉本专业新技术、新知识，了解该领域发展动态和方向。

## 【教学场景】

多媒体教室、电子实训室。

## 【任务描述】

本任务学习的主要内容是三极管的认知、检测和判断方法。

## 【相关知识】

半导体三极管是各种电子设备中的核心元件,其外形如图 2-2-1 所示,三极管的突出特点是在一定条件下具有以小电流控制大电流的作用,称为三极管的电流放大作用,另外,三极管还经常用作电子开关。

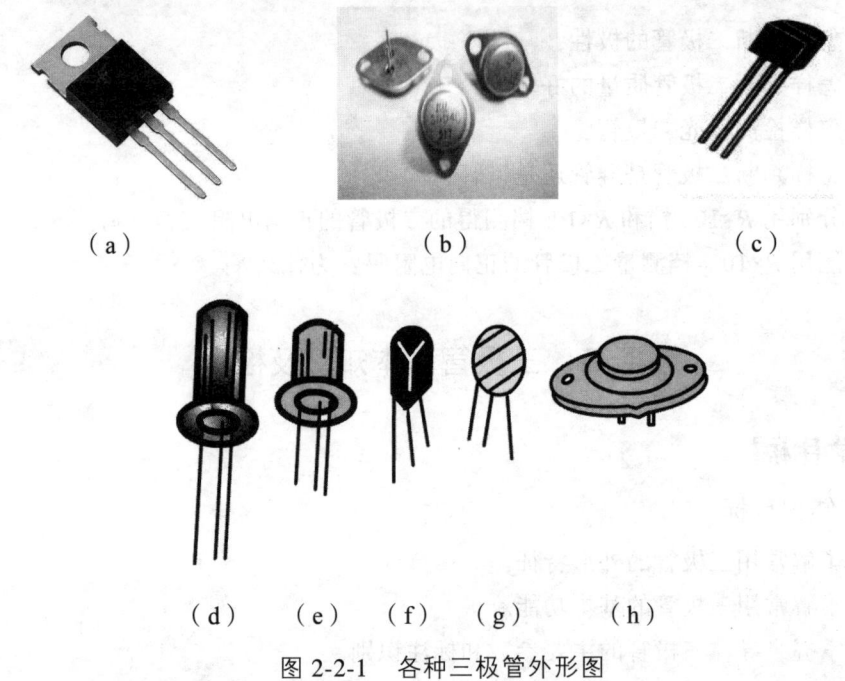

图 2-2-1 各种三极管外形图

### 一、三极管的结构简介及电路符号

常用的三极管有 NPN 型和 PNP 型两类,如图 2-2-2,图 2-2-3 所示。三极管内部有三个区,分别是集电区,基区和发射区;有两个 PN 结,分别是集电区、基区之间的 PN 结,叫做集电结,基区和发射区之间的 PN 结,叫作发射结;还有三个电极,分别是与集电区相连的电极叫做集电极,用字母 C 表示,与基区相连的电极叫做基极,用字母 B 表示,与发射区相连的电极叫做发射极,用字母 E 表示。

从三个电极引出三根引脚,各引脚之间不能相互代替。其中,基极是控制引脚,基极电流的大小控制着集电极和发射极之间电流的大小。在三个电极中,基极电流远远小于集电极电流和发射极电流,发射极电流最大,集电极电流略小于发射极电流,一般情况下，这两个电流可以看做近似相等。

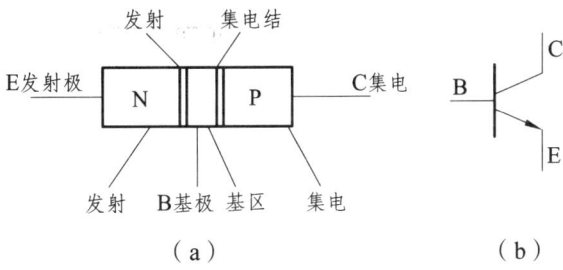

图 2-2-2　NPN 型三极管结构图

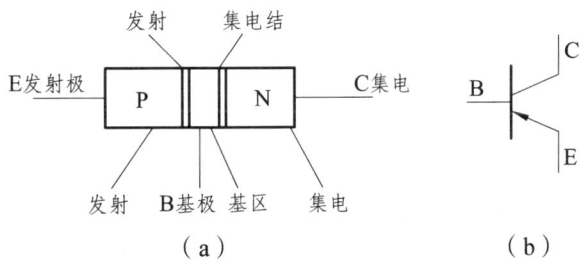

图 2-2-3　PNP 型三极管结构图

不论是 NPN 管还是 PNP 管，它们在结构上有一个共同的特点，发射区掺杂浓度高，以利于发射电子，基区很薄且掺杂浓度低，以利于穿透，集电区面积较大，且掺杂浓度低，以利于收集电子，这个特点是晶体三极管具有放大作用的内部条件。

## 二、晶体三极管的工作电压

三极管的基本作用是放大电信号；工作在放大状态的外部条件是发射结加正向电压，集电结加反向电压。

如图 2-2-4 所示：V 为三极管，$G_C$ 为集电极电源，$G_B$ 为基极电源，又称偏置电源，$R_b$ 为基极电阻，$R_c$ 为集电极电阻。

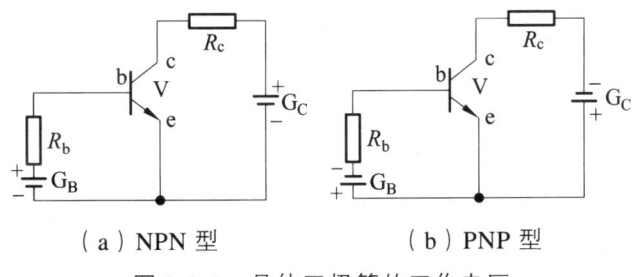

（a）NPN 型　　　　　　（b）PNP 型

图 2-2-4　晶体三极管的工作电压

## 三、晶体三极管在电路中的基本连接方式

如图 2-2-5 所示，晶体三极管有三种基本连接方式：共发射极、共基极和共集电极接法。最常用的是共发射极接法。

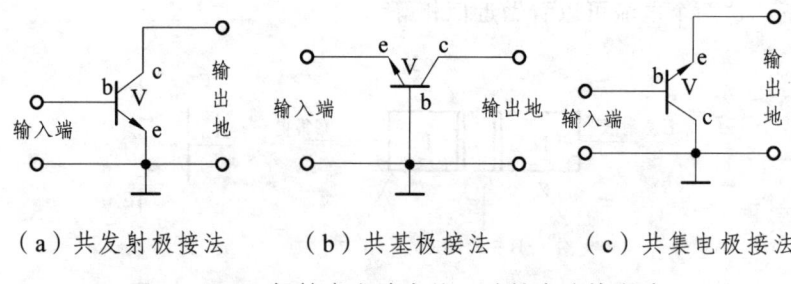

(a) 共发射极接法　　(b) 共基极接法　　(c) 共集电极接法

图 2-2-5　三极管在电路中的三种基本连接方式

## 四、三极管的主要参数

### (一) 性能参数

1. 共射极电流放大系数 $h_{FE}$ 和 $\beta$

$h_{FE}$ 是三极管的直流电流放大系数，反映三极管的直流电流放大能力，$\beta$ 是三极管的交流电流放大系数，反映三极管的交流电流放大能力，同一只三极管，在相同的工作条件下这两个参数近似相等，即 $h_{FE}\approx\beta$，实际应用中不再区分，均用 $\beta$ 来表示。选择三极管时，$\beta$ 值应恰当，$\beta$ 值太小，放大作用不明显，$\beta$ 值太大，导致三极管性能不稳定，通常选用 $\beta$ 值为 30~100 之间的管子为宜。由于制造工艺的偏差，即使同一型号的三极管，$\beta$ 值也可能有很大的差别。

2. 集电极—基极间的反向饱和电流 $I_{CBO}$

$I_{CBO}$ 是发射极开路时，集电极—基极间的反向饱和电流，这个数值很小，但受温度影响很大，$I_{CBO}$ 越小集电结的单向导电性越好。室温下，小功率锗管的 $I_{CBO}$ 为几微安到几十微安，硅管则在 1 μA 以下，所以在温度稳定性方面硅管比锗管好。

3. 集电极—发射极间反向饱和电流 $I_{CEO}$

$I_{CEO}$ 又称穿透电流，是基极开路时，集电极与发射极间的反向电流，它反映了三极管的稳定性，$I_{CEO}$ 越小，三极管受温度影响越小，工作越稳定。它与 $I_{CBO}$ 的关系是：$I_{CEO}=(\beta+1)I_{CBO}$。

### (二) 极限参数

1. 集电极最大允许电流 $I_{CM}$

因为集电极电流 $I_C$ 超过一定值时，三极管的 $\beta$ 值将会下降，因此规定当 $\beta$ 值下降到正常值的 2/3 时为集电极最大允许电流。选管时应使 $I_{CM} \geq I_C$。

2. 集电极—发射极间的反向击穿电压 $U_{(BR)CEO}$

$U_{(BR)CEO}$ 是指当基极开路时，加在集电极与发射极之间的最大允许电压。使用时一般 $U_{CE} < U_{(BR)CEO}$，否则容易造成管子击穿间。

## 3. 集电极最大允许耗散功率 $P_{CM}$

是集电极消耗功率的最大限额，规定当三极管因受热而引起的参数变化不超过允许值时，集电极所消耗的功率为集电极最大允许耗散功率，即 $P_{CM}=I_C U_{CE}$。

工作时，$I_C U_{CE} < P_{CM}$，否则管子会因过热而烧毁，一般来说，锗管允许的结温为 70~90 ℃，硅管允许的结温约为 150 ℃。$P_{CM}$ 的大小与环境有密切关系，温度升高，$P_{CM}$ 则减小。对于大功率管，常在管壁加散热片，以降低管体环境温度，从而提高 $P_{CM}$。

## 五、常用三极管的检测方法

### 1. 基极和管型的判别

判别方法如表 2-2-1 所示。

表 2-2-1　用指针万用表对三极管基极和管型的判别

| 步骤 | 图示 | 操作要领 |
| --- | --- | --- |
| 步骤一 | 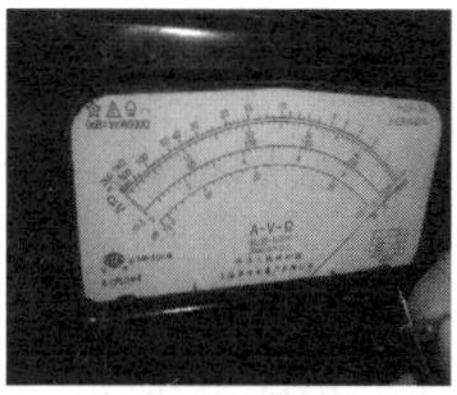 | 万用表置 $R×1$ k 档调零 |
| 步骤二 |  | 假设三个管脚中的任意一个管脚为基极，用黑表笔接假设的基极不动，红表笔分别接三极管的另外两个管脚，测电阻（两次），有以下三种情况 |
| 步骤三 |   | 情况一：一次测出电阻值很小，一次测出电阻值很大，说明假设的基极有误，需重新假设 |
| 步骤四 |  | 情况二：两次测出的阻值都很小，说明假设的基极正确，且管型是 NPN 型 |

续表

| 步骤 | 图示 | 操作要领 |
|---|---|---|
| 步骤四 | 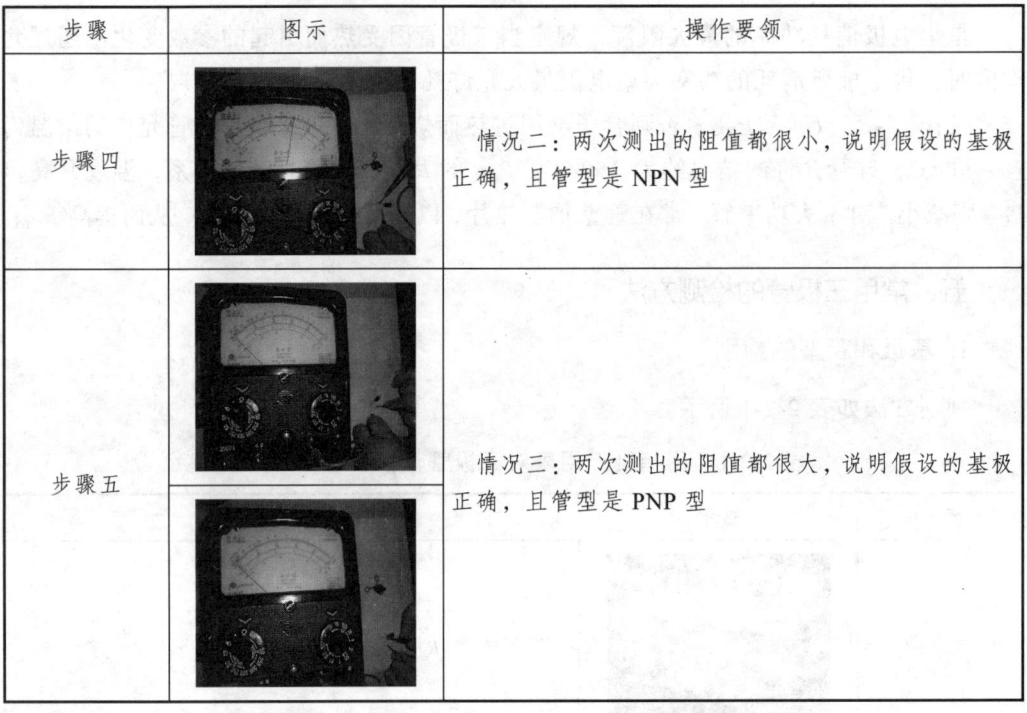 | 情况二：两次测出的阻值都很小，说明假设的基极正确，且管型是 NPN 型 |
| 步骤五 | | 情况三：两次测出的阻值都很大，说明假设的基极正确，且管型是 PNP 型 |

若用红表笔接假设的基极，则两次测出的阻值都很小的是 PNP 型，两次测出的阻值都很大的是 NPN 型，其他操作与上述一致。

2. 集电极 C 和发射极 E 的判别

判别方法如表 2-2-2 所示。

表 2-2-2　用指针万用表对三极管集电极 C 和发射极 E 的判别

| 步骤 | 图示 | 操作要领 |
|---|---|---|
| 步骤一 | | 对于 NPN 型三极管，假设待测的两个管脚其中之一为集电极，用黑表笔接假设的集电极，红表笔接另一极，并用手捏住基极和黑表笔（注意两管脚不能接触），此时，若指针偏转较大，即电阻值变小，说明假设的集电极正确，反之就是错误的 |

§ 项目二　半导体器件基本知识及识读 §

续表

| 步骤 | 图示 | 操作要领 |
|---|---|---|
| 步骤二 |    | 对于 PNP 型三极管，把红、黑表笔对调，即红表笔接假设的集电极，黑表笔接另一极，重复上述操作，若指针偏转较大，即电阻值变小，说明假设的集电极正确，反之就是错误的 |

3. 硅管和锗管的判别

判别方法如表 2-2-3 所示。

表 2-2-3　用指针万用表判别硅管和锗管的判别

| 步骤 | 图示 | 操作要领 |
|---|---|---|
| 步骤一 |   | 用 $R\times 1\,\text{k}$ 档，测发射结正向电阻。 |
| 步骤二 |   | 硅管的正向电阻大约在 $3\sim 10\,\text{k}\Omega$，锗管大约在 $1.6\,\text{k}\Omega$ 左右 |
| 步骤三 |   | 测反向电阻，硅管表针不动，锗管为 $500\,\text{k}\Omega$ 左右，可以看出被测三极管是硅管 |

4. 三极管 $I_{\text{CEO}}$ 的估测

三极管 $I_{\text{CEO}}$ 的估测方法如表 2-2-4 所示。

表 2-2-4　用万用表估测三极管的 $I_{CEO}$

| 步骤 | 图示 | 操作要领 |
|---|---|---|
| 步骤一 |   | NPN 型管黑表笔接集电极，红表笔接发射极，所测阻值大的管子，$I_{CEO}$ 小。对于小功率管，当测出的阻值在几十千欧以上时，表示 $I_{CEO}$ 不太大，该三极管可以使用，若阻值为无穷大，表示三极管内部断路，若阻值为零，表示三极管内部短路；对于大功率管，由于 $I_{CEO}$ 通常比较大，所以阻值很小，有的只有数十欧 |
| 步骤二 |   | PNP 型管红、黑表笔对调，重复上述操作 |

### 5. $\beta$ 值的估测

$\beta$ 值的估测方法如表 2-2-5 所示。

表 2-2-5　用万用表估测三极管的 $\beta$

| 步骤 | 图示 | 操作要领 |
|---|---|---|
| 步骤一 |   | 先按估测 $I_{CEO}$ 的方法测试，记下万用表指针的位置 |
| 步骤二 |   | 黑表笔接集电极，红表笔接发射极，用手捏住基极和黑表笔（注意不要接触），若指针摆动幅度较大，说明管子 $\beta$ 的值较大；若指针变化不大，说明管子的值 $\beta$ 较小 |

注意事项：

（1）判别基极的过程中，万用表的红黑表笔可靠接触两个管脚，手指不能触碰管脚，以免测量误差增大，影响结果。

（2）判别集电极和发射极的过程中，手指接触三极管两个管脚，加入人体电阻。

（3）三极管在电路板中带电时，不能用万用表电阻档测量各极之间的电阻。
（4）用数字万用表测量时，方法相同。

## 【任务实施】

一、训练器材

指针式万用表、数字万用表、各种型号三极管若干。

二、训练内容

（一）基极的判别

将万用表置于 $R×1\,k$ 档，用两支表笔去搭接三极管的任意两只管脚，如果测得的阻值很大（几百千欧以上），则将表笔对调再测一次，如果测得的阻值也很大，则剩下的那只管脚必是基极 B。

（二）极型的判别

基极确定以后，可用万用表黑表笔接基极，红表笔分别接另两个管脚之一，如果两次测得的电阻值均在几百千欧以上，则该管为 PNP 型三极管。如果测得的电阻值均在几千欧以下，则该为 NPN 型三极管。

（三）材料的判别

硅管、锗管的判别方法同二极管。即硅管 PN 结的正向电阻约为几千欧，锗管 PN 结的正向电阻约为几百欧。

（四）集电极的判别

测量 NPN 型三极管的集电极时，先在除基极以外的两个电极中任设一个为集电极，并将万用表的黑表笔搭接在假设的集电极上，红表笔搭接在假设的发射极上，将一大电阻 $R$ 跨接在基极与假设的集电极之间，如果万用表指针有较大的偏转，则以上假设正确；反之则假设不正确。

（五）电流放大能力的估测

将万用表置于 $R×1\,k$ 档，红、黑表笔分别与三极管的集电极、发射极相接，测 C-E 之间的电阻值。当用一电阻接于 B-C 两管脚间时，阻值数会减小，即万用表指针右偏。三极管的电流放大能力越强，则表针右偏的角度也越大。否则，说明被测三极管的电流放大能力弱，甚至是劣质管。

三、训练方法

教师巡回指导，学生练习。

## 【任务评价】

考核标准为百分制，每部分考核标准分数如表 2-2-6 所示。

表 2-2-6

班级：　　　姓名：　　　组别：　　　学号：　　　得分：

| 评价指标 | 主要观测点 | 自评（20%） | 互评（20%） | 师评（60%） | 小计 |
|---|---|---|---|---|---|
| 学习态度（20分） | 1. 学习前必须认真预习学习内容，明确学习目的（4分），没有预习（0分） | | | | |
| | 2. 进入教室后，在教室内严禁高声喧哗和闲聊（4分），违规一次扣（0.5分） | | | | |
| | 3. 进入教室后，服从指导教师的任务安排，配合默契（4分）；不服从指导老师的任务安排，配合不默契扣（2分） | | | | |
| | 4. 严禁携带食物和饮料进入教室（4分），违规一次扣（0.5分） | | | | |
| | 5. 爱护教室的一切设施，不得乱涂、乱写、乱刻（4分）。违规一次扣（1分） | | | | |
| 学习过程（30分） | 1. 主动参与分工协作（10分）<br>2. 经劝说积极参与分工协作（8分）<br>3. 经劝说仍消极参与分工协作（4分）<br>4. 经劝说仍拒绝参与分工协作（0分） | | | | |
| | 1. 跨组积极表达正确观点，具有快速理解沟通的能力（10分）<br>2. 组内积极表达正确观点，具有快速理解沟通的能力（8分）<br>3. 不表达任何观点（0分） | | | | |
| | 1. 能够认真完成实训认任务（10分）<br>2. 能够完成任务（7分）<br>3. 能基本完成任务（3分） | | | | |
| 学习效果（50分）（作品） | 1. 认识各种型号三极管（15分） | | | | |
| | 2. 掌握三极管特性、参数、型号、及命名方法（15分） | | | | |
| | 3. 用万用表检测三极管的极性、性能好坏、估测三极管的 $I_{CEO}$ 及 $\beta$ 值的估测（20分） | | | | |
| 总　计 | | | | | |

## 【拓展练习】

（1）怎样判断三极管质量的好坏？

（2）怎样判断三极管 $I_{CEO}$ 的大小？

（3）能否用 $R \times 10\,k$ 档判别三极管？为什么？

（4）能否用双手分别将万用表的表笔与管脚捏住进行测量？有什么后果？

## 任务三　场效应管基本知识及检测

### 【教学目标】

一、知识目标

（1）常用场效应管的外形特征。
（2）常用场效应管的基本功能。
（3）场效应管的主要参数和标注识别。

二、能力目标

（1）能识别各种型号、各种类型的场效应管。
（2）用万用表判断场效应管的各管脚极性及质量好坏。

三、素养目标

（1）有能吃苦耐劳，有安全责任心。
（2）工作踏实、诚实守信、善于沟通合作，服从组织领导。
（3）具有较强的实践技能，具备一定的分析和解决本专业实际问题能力，具有初步的组织管理能力，具有一定的生产管理和技术管理能力。

### 【教学场景】

多媒体教室、电子实训室

### 【任务描述】

本任务学习的主要内容是场效应管的认知、检测和判断方法。

### 【相关知识】

场效应管是一种电压控制电流型半导体器件，它利用改变外加电压产生的电场效应来控制其电流大小。场效应管的外形与三极管相似，如图 2-3-1 所示。根据其结构的不同，场效应管分为结型场效应管和绝缘栅型场效应管两大类，按导电沟道半导体材料的不同，结型和绝缘栅型又各自分为 N 沟道和 P 沟道两种。按导电方式来划分场效应管又分为耗尽型与增强型，结型场效应管均为耗尽型，而绝缘栅型两型都有。

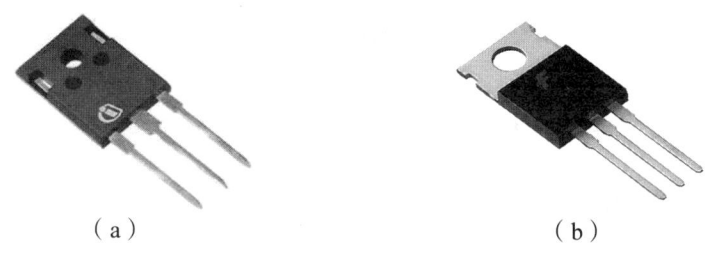

（a）　　　　　　　　　　（b）

图 2-3-1　场效应管外形图

## 一、结型场效应管

### （一）结构和符号

N 沟道结型场效应管的结构、符号；P 沟道结型场效应管的结构、符号如图 2-3-2、2-3-3 所示。

特点：由两个 PN 结和一个导电沟道所组成。三个电极分别为源极 S、漏极 D 和栅极 G。漏极和源极具有互换性。

工作条件：两个 PN 结加反向电压。

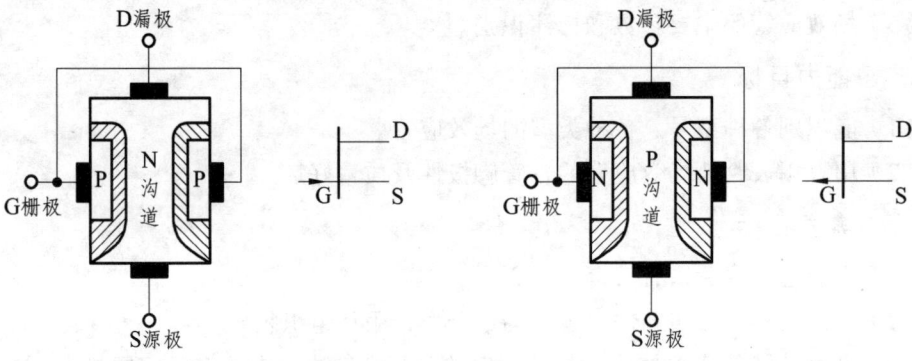

图 2-3-2　N 沟道结型场效应管　　　图 2-3-3　P 沟道结型场效应管

### （二）工作原理

以 N 沟道结型场效应管为例，原理电路如图 2-3-4 所示。工作原理如下：
$G_{DS}>0$；$G_{GS}<0$。在漏源电压 $V_{DS}$ 不变条件下，改变栅源电压 $V_{GS}$，通过 PN 结的变化，控制沟道宽窄，即沟道电阻的大小，从而控制漏极电流 $I_D$。

结论：

（1）结型场效应管是一个电压控制电流的电压控制型器件。

（2）输入电阻很大。一般可达 $10^7 \sim 10^8 \Omega$。

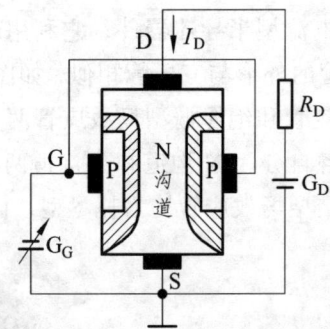

图 2-3-4　N 沟道结型场效应管的工作原理

## 二、绝缘栅场效应管

绝缘栅场效应管是一种栅极与源极、漏极之间有绝缘层的场效应管,简称 MOS 管。

特点：输入电阻高，噪声小。

分类：有 P 沟道和 N 沟道两种类型；每种类型又分为增强型和耗尽型两种。

## （一）结构和工作原理

1. N 沟道增强型绝缘栅场效应管

N 沟道增强型绝缘栅场效应管的结构及符号如图 2-3-5 所示。

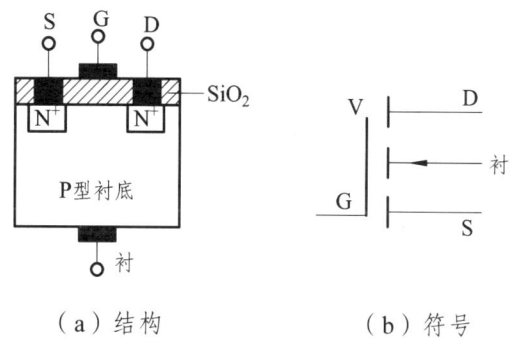

（a）结构　　　　　（b）符号

图 2-3-5　N 沟道增强型绝缘栅场效应管

N 沟道增强型绝缘栅场效应管的工作原理如图 2-3-6 所示。

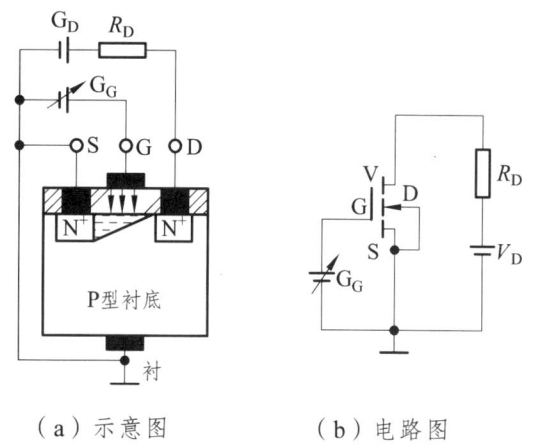

（a）示意图　　　　　（b）电路图

图 2-3-6　N 沟道增强型绝缘栅场效应管工作原理

（1）当 $V_{GS}=0$，在漏、源极间加一正向电压 $V_{DS}$ 时，漏源极之间的电流 $I_D=0$。

（2）当 $V_{GS}>0$，在绝缘层和衬底之间感应出一个反型层，使漏极和源极之间产生导电沟道。在漏、源极间加一正向电压 $V_{DS}$ 时，将产生电流 $I_D$。

开启电压 $V_T$：增强型 MOS 管开始形成反型层的栅源电压。

（3）当 $V_{DS}>0$ 时：

若 $V_{GS}<V_T$，反型层消失，无导电沟道，$I_D=0$；

若 $V_{GS}>V_T$，出现反型层即导电沟道，D、S 之间有电流 $I_D$ 流过；

若$V_{GS}$逐渐增大，导电沟道变宽，$I_D$也随之逐渐增大，即$V_{GS}$控制$I_D$的变化。

2. N沟道耗尽型绝缘栅场效应管

N沟道耗尽型绝缘栅场效应管结构及符号如图2-3-7所示。

特点：管子本身已形成导电沟道。

工作原理：当$V_{DS}>0$时，

若$V_{GS}=0$，导电沟道有电流$I_D$；

若$V_{GS}>0$，并逐渐增大时，导致沟道变宽，使$I_D$增大；

若$V_{GS}<0$，并逐渐增大此负电压，导致沟道变窄，使$I_D$减小，实现$V_{GS}$对$I_D$的控制。

夹断电压$V_P$：使$I_D=0$时的栅源电压$V_{GS}$。

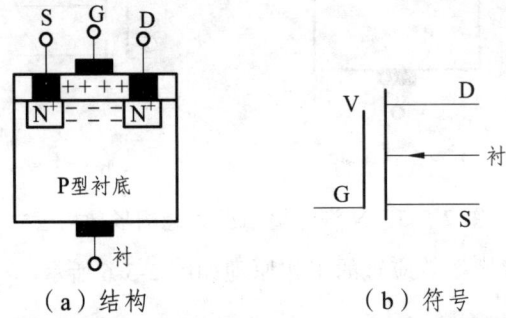

（a）结构　　　　　　（b）符号

图2-3-7　N沟道耗尽型绝缘栅场效应管

## 三、场效应管的主要参数和特点

### （一）主要参数

1. 直流参数

（1）开启电压$V_T$。

在$V_{DS}$为定值的条件下，增强型场效应管开始导通（$I_D$达到某一定值，如10 μA）时，所需加的$V_{GS}$值。

（2）夹断电压$V_P$。

在$V_{DS}$为定值的条件下，耗尽型场效应管$I_D$减小到近于零时的$V_{GS}$值。

（3）饱和漏极电流$I_{DSS}$。

耗尽型场效应管工作在饱和区且$V_{GS}=0$时，所对应的漏极电流。

（4）直流输入电阻$R_{GS}$。

栅源电压$V_{GS}$与对应的栅极电流$I_G$之比。

场效应管输入电阻很高，结型管一般在$10^7$ Ω以上；绝缘栅管则更高，一般在$10^9$ Ω以上。

## 2. 交流参数

（1）跨导 $g_m$。

$V_{DS}$ 一定时，漏极电流变化量 $\Delta I_D$ 和引起这个变化的栅源电压变化量 $\Delta V_{GS}$ 之比。它表示了栅源电压对漏极电流的控制能力。

（2）极间电容。

场效应管三个电极之间的等效电容 $C_{GS}$、$C_{GD}$、$C_{DS}$。一般为几个皮法，结电容小的管子，高频性能好。

## 3. 极限参数

（1）漏极最大允许耗散功率 $P_{DM}$。

$I_D$ 与 $V_{DS}$ 的乘积不应超过的极限值。

（2）漏极击穿电压 $V_{(BR)DS}$。

漏极电流 $I_D$ 开始剧增时所加的漏源间的电压。

### （二）场效应管的特点

场效应管与普通三极管比较如表 2-3-1 所示。

表 2-3-1　场效应管与普通三极管比较表

| 项目 | 器件名称 | |
| --- | --- | --- |
|  | 晶体三极管 | 场效应管 |
| 极型特点 | 双极型 | 单极型 |
| 控制方式 | 电流控制 | 电压控制 |
| 类型 | PNP 型、NPN 型 | N 沟道、P 沟道 |
| 输入电阻 | $10^2 \sim 10^4\ \Omega$ | $10^7 \sim 10^{15}\ \Omega$ |
| 噪声 | 较大 | 较小 |
| 热稳定性 | 差 | 好 |
| 抗辐射能力 | 差 | 强 |
| 制造工艺 | 较复杂 | 简单、成本低 |

## 四、结型场效应管的检测项目

### （一）场效应管的电极和沟道类型判别

其判别方法如表 2-3-2 所示。

表 2-3-2　结型场效应管的电极和沟道类型判别

| 步骤 | 图示 | 操作要领 |
| --- | --- | --- |
| 步骤一 | 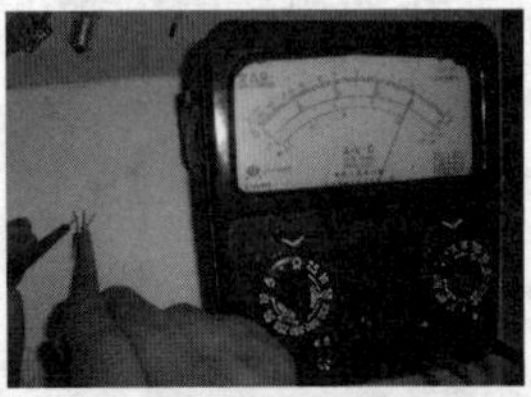  | 将万用表拨在 $R\times 1k$ 档上，任选两个电极，分别测出其正、反向电阻值。当某两个电极的正、反向电阻值相等，且为几千欧姆时，则该两个电极分别是漏极 D 和源极 S。因为对结型场效应管而言，漏极和源极可互换，剩下的电极肯定是栅极 G |
| 步骤二 | 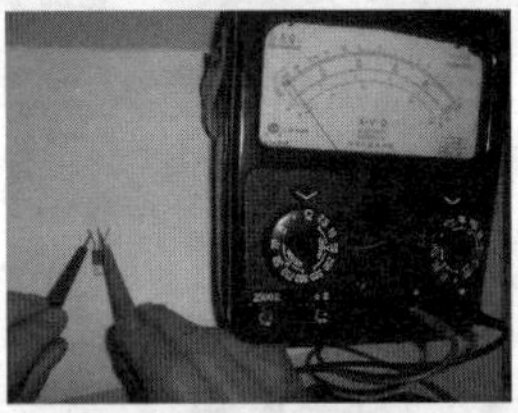 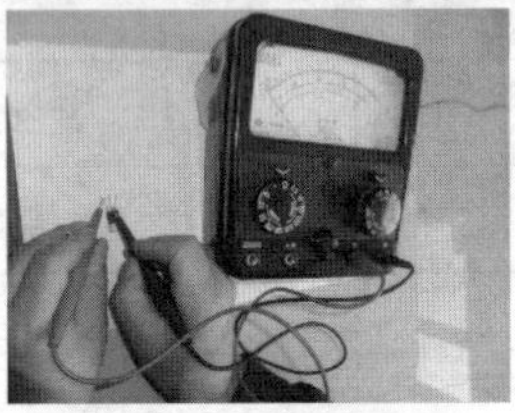 | 将万用表的黑表笔（红表笔也行）任意接触一个电极，另一只表笔依次去接触其余的两个电极，测其电阻值。当出现两次测得的电阻值近似相等时，则黑表笔所接触的电极为栅极，其余两电极分别为漏极和源极。若两次测出的电阻值均很大，说明是 PN 结的反向，即都是反向电阻，可以判定是 P 沟道场效应管，且黑表笔接的是栅极 |
| 步骤三 | 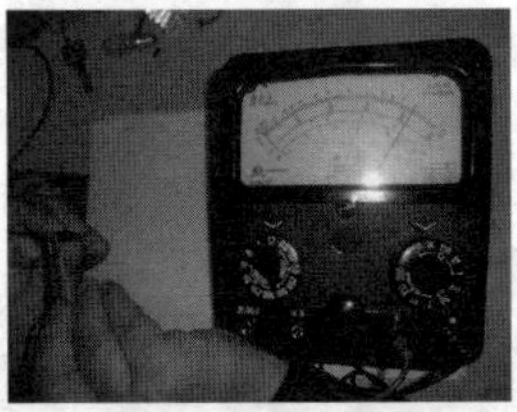  | 将万用表的黑表笔（红表笔也行）任意接触一个电极，另一只表笔依次去接触其余的两个电极，测其电阻值。当出现两次测得的电阻值近似相等时，则黑表笔所接触的电极为栅极，其余两电极分别为漏极和源极。若两次测出的电阻值均很小，说明是正向 PN 结，即是正向电阻，判定为 N 沟道场效应管，黑表笔接的也是栅极。若不出现上述情况，可以调换黑、红表笔按上述方法进行测试，直到判别出栅极为止 |

## （二）测极间电阻

极间电阻测试方法如表 2-3-3 所示。

表 2-3-3 测极间电阻

| 步骤 | 图示 | 操作要领 |
|---|---|---|
| 步骤一 |  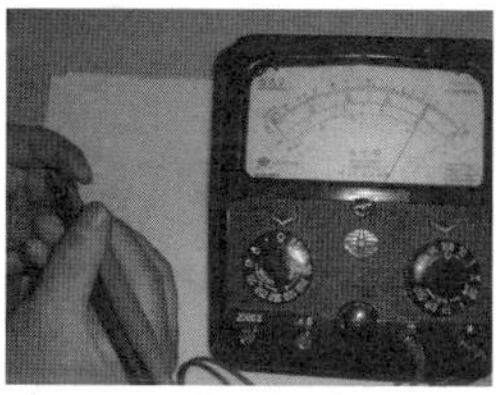 | 将万用表置于 $R\times100$ 或 $R\times1\text{k}$ 档。红、黑两表笔分别交替接 S 极和 D 极,两次测得的数值均很小 |
| 步骤二 |  | 随后将红表笔接 D 极或 S 极,黑表笔接 G 极。对 P 沟道型管,电阻应很大;对 N 沟道型管,电阻应很小 |
| 步骤三 |  | 再将黑表笔接 S 极或 D 极,红表笔接 G 极,测得的数值应相反,说明管子基本是好的。若测得结果 S 极、G 极、D 极之间的电阻均很小,说明管子已经击穿短路;若 G 极与 S 极、D 极间正、反向电阻均无穷大,说明管子 G 极已断路 |

## (三) 估测放大倍数

估测放大倍数方法如表 2-3-4 所示。

表 2-3-4 估测放大倍数

| 步骤 | 图示 | 操作要领 |
|---|---|---|
| 步骤一 | 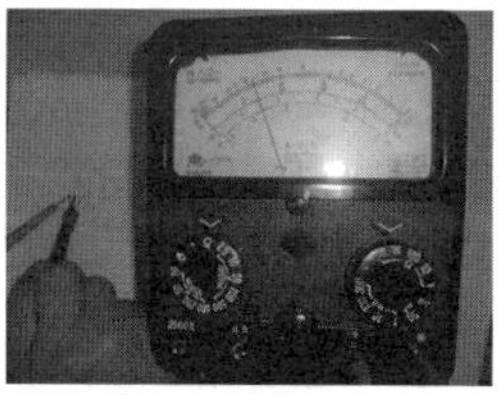 | 用万用表电阻的 $R\times1\text{k}$ 档,红表笔接源极 S,黑表笔接漏极 D,此时表针指示出的漏源极间的电阻值 |
| 步骤二 | 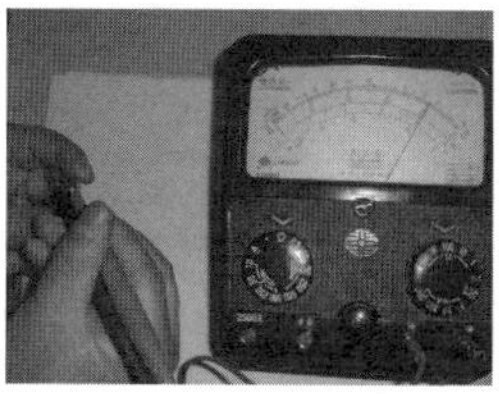 | 然后用手捏住结型场效应管的栅极 G,将人体的感应电压信号加到栅极上 |

续表

| 步骤 | 图示 | 操作要领 |
|---|---|---|
| 步骤三 |   | 观察到表针有较大幅度的摆动。如果手捏栅极表针摆动较小,说明管的放大能力较差;表针摆动较大,表明管的放大能力大;若表针不动,说明管是坏的 |

注意事项:
(1)在测量前应先将人体对地短路或者在手腕上带一条对地的短路链。
(2)注意在每测量前须把两电极短路放电后再测。
(3)测量结束之后,应将场效应管的管脚绞合在一起或放在金属箔中。

## 五、绝缘栅场效应管的检测(以 N 沟道为例)

### (一)绝缘栅场效应管电极的判别

其判别方法如表 2-3-5 所示。

表 2-3-5　绝缘栅场效应管电极的判别

| 步骤 | 图示 | 操作要领 |
|---|---|---|
| 步骤一 |  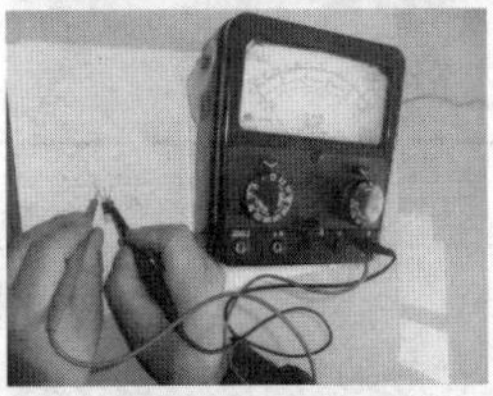  | 将万用表拨至 $R×1\,k$ 档。用黑表笔接触其中的一个电极,然后用红表笔分别接触另外两个电极,记录测得的电阻值。然后黑表笔再换另一电极。某两次测量中黑表笔所接的电极与另外两电极之间的阻值都为无穷大,则黑表笔所接触的电极为栅极 G。另外两极为漏极 D 和源极 S |
| 步骤二 |   | 找到栅极 G 后,用万用表的红、黑表笔测漏极 D 与源极 S 间的电阻值,根据正、反向电阻的差别,以阻值小的那次为准,黑表笔接的是漏极 D,红表笔接的是源极 S。大功率管源极 S 通常接外壳,这样更好判别了 |

### (二)N 沟道增强型绝缘栅场效应管好坏的判别

判别方法如表 2-3-6 所示。

§ 项目二　半导体器件基本知识及识读 §

表 2-3-6　N 沟道增强型绝缘栅场效应管好坏的判别

| 步骤 | 图示 | 操作要领 |
| --- | --- | --- |
| 步骤一 |  | 用万用表电阻的 $R×100$ 档，测量栅极 G 和漏极 D 之间的电阻应为无穷大；若测得的值较小或为零，则说明该管被击穿，已损坏，不可再用 |
| 步骤二 | 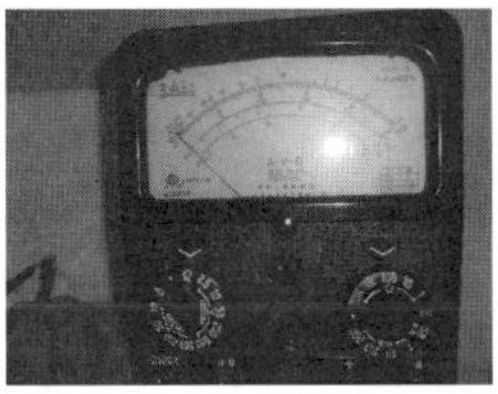 | 用万用表电阻的 $R×100$ 档，测量栅极 G 和源极 S 之间的电阻应为无穷大；若测得的值较小或为零，则说明该管被击穿，已损坏，不可再用 |
| 步骤三 |  | 若 G-S、G-D、D-S 间的电阻都为无穷大，把两块万用表的功能开关拨至 $R×10\text{k}$ 档，测漏极 D 与源极 S 之间的电阻值，若阻值明显减小，说明管子是好的；若电阻值仍很大，说明管子已经断路损坏，不可再用 |

## （三）N 沟道耗尽型绝缘栅场效应管好坏的判别

判别方法如表 2-3-7 所示。

表 2-3-7　N 沟道耗尽型绝缘栅场效应管好坏的判别

| 步骤 | 图示 | 操作要领 |
| --- | --- | --- |
| 步骤一 |  | 用万用表电阻的 $R×100$ 档，测量栅极 G 和漏极 D 之间、漏极 D 与源极 S 之间的正、反向的电阻应为无穷大 |
| 步骤二 |  | 再将栅极 G 和源极 S 短路，如果漏极 D 和源极 S 之间的电阻值为几百至几千欧姆，则说明管子是好的，否则，说明管子已损坏，不可再用。 |

注意事项：

（1）黑表笔接栅极（G），红表笔接源极（S）或漏极（D）时，可以测得一个固定的电阻值，对换表笔后检测数值为无穷大，则说明该场效应管良好。

（2）使用万用表检测漏极与源极之间的阻值时，正反向均有一个固定值，则说明该场效应管良好，若有无穷大或零的情况，则说明场效应管损坏。

（3）当红表笔搭在场效应管的漏极上，黑表笔搭在源极上，螺丝刀搭在栅极处时，万用表指针摆动幅度越大，说明场效应管的放大能力越好，反之，则表明场效应管放大能力越差。若用螺丝刀接触栅极时，万用表指针无摆动，则表明场效应管已失去放大能力。

（四）绝缘栅场效应管放大能力的判别

判别方法如表 2-3-8 所示。

表 2-3-8　绝缘栅场效应管放大能力的判别

| 步骤 | 图示 | 操作要领 |
| --- | --- | --- |
| 步骤一 | 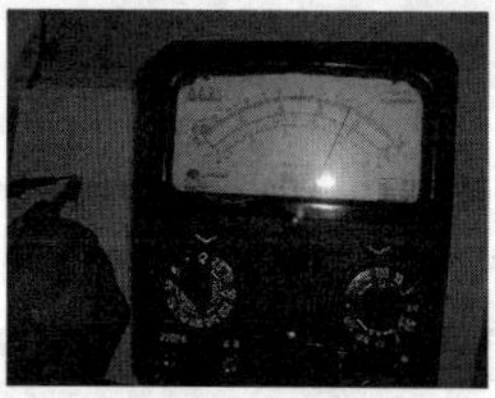  | 用万用表电阻的 $R\times 100$ 档，黑表笔接漏极 D，红表笔接源极 S，让栅极 G 悬空。此时万用表的指针的偏转不是太大 |
| 步骤二 | 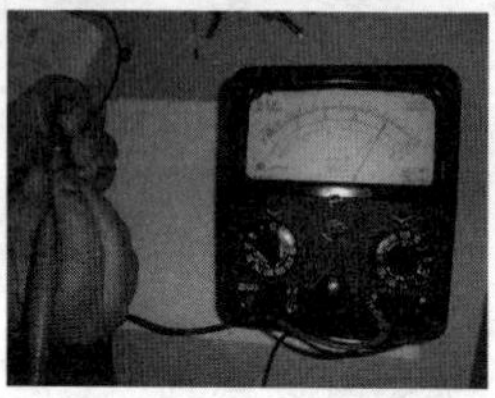  | 然后用手指接触一下栅极 G，给栅极 G 加一个人体感应电压，若万用表指针有较大偏转，说明该管有放大作用；偏转越大，则表明其放大作用越强。指针偏转幅度小，甚至不发生偏转，则表明该管放大能力不大或已损坏 |

## 【任务实施】

一、训练器材

指针式万用表、数字万用表、各种型号场效应管若干。

二、训练内容

（1）识别场效应管。

（2）场效应管质量好坏的检测方法。

（3）绝缘栅场效应管电极的判别。

（4）绝缘栅场效应管放大能力的判别。

三、训练方法

教师巡回指导，学生练习。

## 【任务评价】

考核标准为百分制，每部分考核标准分数如表 2-3-9 所示：

表 2-3-9 考核标准

班级：　　姓名：　　组别：　　学号：　　得分：

| 评价指标 | 主要观测点 | 自评（20%） | 互评（20%） | 师评（60%） | 小计 |
|---|---|---|---|---|---|
| 学习态度（20分） | 1. 学习前必须认真预习学习内容，明确学习目的（4分），没有预习（0分） | | | | |
| | 2. 进入教室后，在教室内严禁高声喧哗和闲聊（4分），违规一次扣（0.5分） | | | | |
| | 3. 进入教室后，服从指导教师的任务安排，配合默契（4分）；不服从指导老师的任务安排，配合不默契扣（2分） | | | | |
| | 4. 严禁携带食物和饮料进入教室（4分），违规一次扣（0.5分） | | | | |
| | 5. 爱护教室的一切设施，不得乱涂、乱写、乱刻（4分），违规一次扣（1分） | | | | |
| 学习过程（30分） | 1. 主动参与分工协作（10分）<br>2. 经劝说积极参与分工协作（8分）<br>3. 经劝说仍消极参与分工协作（4分）<br>4. 经劝说仍拒绝参与分工协作（0分） | | | | |
| | 1. 跨组积极表达正确观点，具有快速理解沟通的能力（10分）<br>2. 组内积极表达正确观点，具有快速理解沟通的能力（8分）<br>3. 不表达任何观点（0分） | | | | |
| | 1. 能够认真完成实训认任务（10分）<br>2. 能够完成任务（7分）<br>3. 能基本完成任务（3分） | | | | |
| 学习效果（50分）（作品） | 1. 理论知识和实训任务能贯通（15分） | | | | |
| | 2. 理论知识和实际应用相联系（15分） | | | | |
| | 3. 实际操作能与实际应用相连接（20分） | | | | |
| 总　计 | | | | | |

**【拓展练习】**

（1）怎样判断结型场效应管的电极和沟道类型？

（2）怎样判断绝缘栅型场效应管质量的好坏？

# 任务四　单结晶体管的基本知识及检测

**【教学目标】**

一、知识目标

（1）常用单结晶体管的外形特征。

(2)常用单结晶体管的基本特性。
(3)常用单结晶体管的使用方法。

二、能力目标

(1)用万用表判别单结晶体管管脚。
(2)用万用表判断单结晶体管质量好坏。

三、素养目标

(1)引导学生逐步养成良好的工作作风,严谨细致的科学态度,通过学习培养学生良好的职业素养及综合职业能力。

(2)具有较强的专业基础知识和专业技能,能在工作实践中不断提高专业技术水平,能及时捕捉本专业新技术、新知识,了解该领域发展动态和方向。

(3)具有较强的实践技能,具备一定的分析和解决本专业实际问题能力,具有初步的组织管理能力,具有一定的生产管理和技术管理能力。

【教学场景】

多媒体教室、电子实训室。

【任务描述】

本任务学习的主要内容是单结晶体管的认知、检测和判断方法。

【相关知识】

单结晶体管是一种特殊的半导体器件,如图 2-4-1 所示。有三个引出端,只有一个 PN 结组成。三个引出端分别是第一基极 $B_1$,第二基极 $B_2$ 和发射极 E,因有两个基极故称为双基极二极管。其特点两个基极之间的正、反向电阻相等(大约为 2~12 kΩ)。

(a)外形图　　　　　　(b)电路符号

图 2-4-1　单结晶体管

一、单结晶体管特点

单结晶体管具有电路简单、热稳定性好等优点,广泛用于振荡、定时、双稳电路及晶闸管触发电路。

单晶体管可以分为 N 型单结晶体管和 P 型单结晶体管。在工作时，当发射极电压 $U_E$ 大于峰点电压 $U_P$ 时，单结晶体管即可导通，电流流向为箭头所指方向。

## 二、单结晶体管检测

### （一）单结晶体管三个管脚判别

判别方法如表 2-4-1 所示。

表 2-4-1  单结晶体管三个管脚判别

| 步骤 | 图示 | 操作要领 |
| --- | --- | --- |
| 步骤一 | 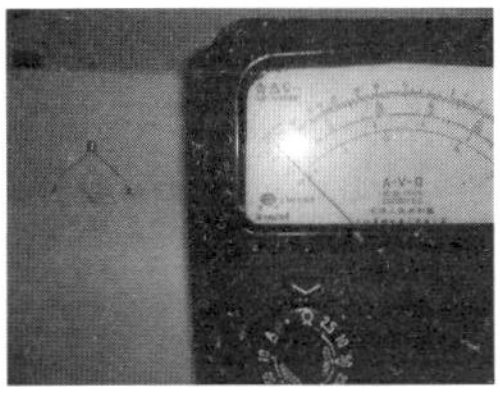 | 用万用表电阻的 $R\times 1\,\text{k}$ 档，把单结晶体管的三管脚分别编号为 1，2 和 3 |
| 步骤二 | 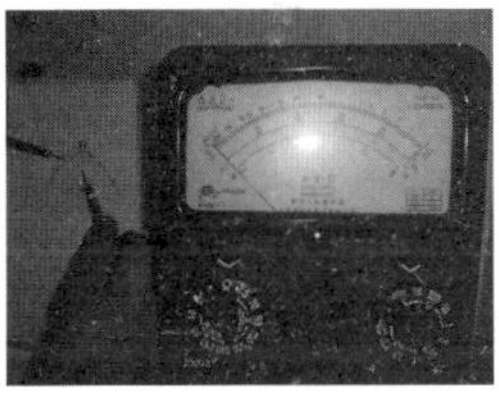  | 先用万用表的黑表笔接触编号为 1 的管脚，然后用红表笔分别接触其余两个管脚，分别测得第一组两个阻值 |
| 步骤三 |   | 再用万用表的黑表笔接触编号为 2 的管脚，然后用红表笔分别接触其余两个管脚，分别测得第二组两个阻值 |

续表

| 步骤 | 图示 | 操作要领 |
|---|---|---|
| 步骤四 | 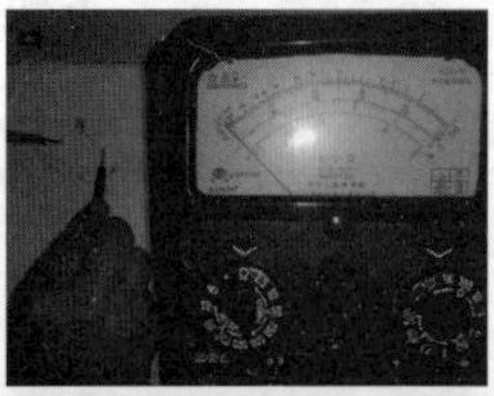  | 最后用万用表的黑表笔接触编号为 3 的管脚，然后用红表笔分别接触其余两个管脚，分别测得第三组两个阻值 |
| 步骤五 |  | 分析三组测量值，如测得的两个值都很小，则在这一组中，与黑表笔所接触的那管脚为发射极 E |
| 步骤六 |  | 发射极明确后，用黑表笔接触发射极 e，红表笔分别去接触另外两个极，测得阻值小的一次，红表笔所接触的极为第二基极 $B_2$，阻值较大的一次红表笔所接触的极为第一基极 $B_1$。 |

## （二）单结晶体管质量的检测

判别方法如表 2-4-2 所示。

表 2-4-2　单结晶体管质量的检测

| 步骤 | 图示 | 操作要领 |
|---|---|---|
| 步骤一 |  | 若测得发射极与两个基极正、反向电阻相差 100 倍以上说明该单结晶体管质量良好，否则说明性能不好 |
| 步骤二 |  | 若测得两基之间的阻值大约在 $2\sim12\ k\Omega$，则此单结晶体管质量良好，若阻值过大或过小，则该管不宜使用 |

§项目二  半导体器件基本知识及识读§

## 【任务实施】

一、训练器材

指针式万用表、数字万用表、单结晶体管若干。

二、训练内容

（1）用万用表判断单结晶体管各管脚极性。

（2）用万用表判断单结晶体管质量好坏。

三、训练方法

教师巡回指导，学生练习。

## 【任务评价】

考核标准为百分制，每部分考核标准分数如表2-4-3所示：

表2-4-3  考核标准

班级：　　姓名：　　组别：　　学号：　　得分：

| 评价指标 | 主要观测点 | 自评（20%） | 互评（20%） | 师评（60%） | 小计 |
|---|---|---|---|---|---|
| 学习态度（20分） | 1. 学习前必须认真预习学习内容，明确学习目的（4分），没有预习（0分） | | | | |
| | 2. 进入教室后，在教室内严禁高声喧哗和闲聊（4分），违规一次扣（0.5分） | | | | |
| | 3. 进入教室后，服从指导教师的任务安排，配合默契（4分）；不服从指导老师的任务安排，配合不默契扣（2分） | | | | |
| | 4. 严禁携带食物和饮料进入教室（4分），违规一次扣（0.5分） | | | | |
| | 5. 爱护教室的一切设施，不得乱涂、乱写、乱刻（4分），违规一次扣（1分） | | | | |
| 学习过程（30分） | 1. 主动参与分工协作（10分）<br>2. 经劝说积极参与分工协作（8分）<br>3. 经劝说仍消极参与分工协作（4分）<br>4. 经劝说仍拒绝参与分工协作（0分） | | | | |
| | 1. 跨组积极表达正确观点，具有快速理解沟通的能力（10分）<br>2. 组内积极表达正确观点，具有快速理解沟通的能力（8分）<br>3. 不表达任何观点（0分） | | | | |
| | 1. 能够认真完成实训认任务（10分）<br>2. 能够完成任务（7分）<br>3. 能基本完成任务（3分） | | | | |

续表

| 评价指标 | 主要观测点 | 自评（20%） | 互评（20%） | 师评（60%） | 小计 |
|---|---|---|---|---|---|
| 学习效果（50分）（作品） | 1. 掌握单结晶体管的特点（15分） | | | | |
| | 2. 理论知识和实际应用相联系（15分） | | | | |
| | 3. 实际操作能与实际应用相连接（20分） | | | | |
| 总 计 | | | | | |

【拓展练习】

（1）怎样判断单结晶体管各管脚极性？

（2）怎样判断单结晶体管质量的好坏？

## 任务五　晶闸管的基本知识及检测

【教学目标】

一、知识目标

（1）掌握常用晶闸管的结构特点。

（2）掌握常用晶闸管的主要参数。

（3）掌握常用晶闸管的使用方法。

二、能力目标

（1）用万用表判断晶闸管管脚极性。

（2）用万用表判断晶闸管质量好坏。

三、素养目标

（1）引导学生逐步养成良好的工作作风，严谨细致的科学态度，通过学习培养学生良好的职业素养及综合职业能力；培养细心做事习惯。

（2）能吃苦耐劳，有安全责任心。

（3）工作踏实、诚实守信、善于沟通合作，服从组织领导。

【教学场景】

多媒体教室、电子实训室。

【任务描述】

本任务学习的主要内容是晶闸管的认知、检测和判断方法。

【相关知识】

晶闸管又叫可控硅，其外形如图2-5-1所示。是半导体器件的一个门类，有单向晶闸管、双向晶闸管、可关断晶闸管、光控晶闸管、快速晶闸管等，主要用于可控整流和电力控制，在电器电路中也有广泛的应用，如：交流整流、调压、变频，也可做无触点开关等。

  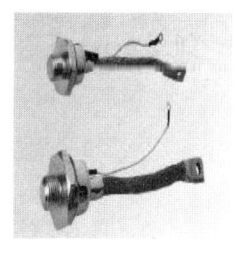
（a） （b） （c）

图 2-5-1 晶闸管外形图

## 一、结构特点

### （一）单向晶闸管

它由四层半导体叠合而成（见图 2-5-2），形成三个 PN 结，A 为阳极，K 为阴极，G 为控制极（栅极）。当触发电压 $U_{GK}=0$ 时，A 与 K 之间正反向均不通，也就是晶闸管处于关断状态；当 $U_{GK}>0$ 且高于规定的触发电压时，晶闸管开启，A 与 K 之间相当于一个普通的二极管，具有单向导电性，A 与 K 之间的电压 $U_{AK}$ 为阳极电压，晶闸管一旦触发导通，即使断开控制极，即 $U_{GK}=0$，A 与 K 之间仍能继续维持导通状态，只有当 A 与 K 之间的阳极电压 $U_{AK}$ 减小到很小，接近为零时，晶闸管才能关断。由于门极所需要的电压、电流比较低，而阳极 A 与阴极 K 可承受很大的电压，通过很大的电流，因此，晶闸管可实现弱电对强电的控制。

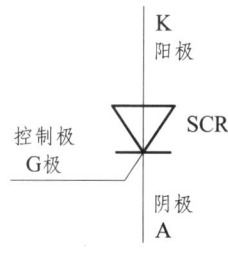

图 2-5-2 单向晶闸管

### （二）双向晶闸管

双向晶闸管又称双向可控硅，是在同一块硅晶片上由 NPNPN 五层半导体叠合而成，有第一电极 $T_1$、第二电极 $T_2$、控制极 G 3 个电极，不再划分阳极和阴极，在结构上相当于两个单向晶闸管反极性并联，但只有一个控制极，与单向晶闸管一样，它也具有触发控制特性，$T_1$ 和 $T_2$ 之间，无论所加电压极性是正向还是反向，只要控制极 G

和第一电极 $T_1$ 间加有正、负极性不同的触发电压，就可触发导通呈低阻状态。一旦导通即使失去触发电压，也能继续保持导通状态。

双向晶闸管具有正、反两个方向都能控制导通的特性，并且又有触发电路简单、工作稳定等优点，因此在调光电路、温度调节、交流调压、电机调速电路中得到广泛应用，如图 2-5-3 所示。

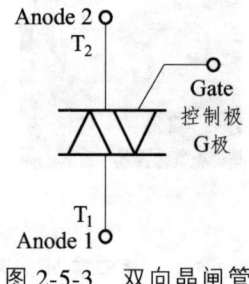

图 2-5-3　双向晶闸管

## 二、主要参数：

### （一）额定正向平均电流 $I_F$

在规定的环境温度和散热条件下，允许通过阳极和阴极之间的电流平均值。

### （二）维持电流

维持电流是保持晶闸管处于导通状态时所需要的最小正向电流。规格不同数值不同，可由几毫安到几十毫安。

### （三）正向阻断峰值电压 $U_{DRM}$

它是指在控制极开路、正向阻断条件下，允许加到晶闸管上的正向电压最大值。使用时，正向电压若超过此值，晶闸管即使不加触发电压也能从正向阻断转而导通。

### （四）反向阻断峰值电压

控制极开路，反向阻断条件下，允许加到晶闸管上的反向电压最大值。通常正、反向峰值电压是相等的，统称峰值电压，一般情况下，晶闸管的额定电压就是指峰值电压。

### （五）控制极触发电压 $U_G$

在规定的环境温度和阳极、阴极间为一定的正向电压条件下，使晶闸管从阻断转变为导通状态时，控制极上所加的最小直流电压。小功率晶闸管约 1 V 左右，中功率以上触发电压为几伏到十几伏。

### （六）控制极触发电流 $I_G$

当阳极与阴极之间加一定的直流电压时，使晶闸管完全导能所需要的最小控制极直流电流。小功率管触发电流为零点几到几毫安，中功率以上的晶闸管触发电流为几十到几百毫安。

## 三、单向晶闸管的检测

### （一）判别单向晶闸管的极性

判别方法如表 2-5-1 所示。

表 2-5-1　单向晶闸管的极性的判别

| | 图示 | 操作要领 |
|---|---|---|
| 方法 |  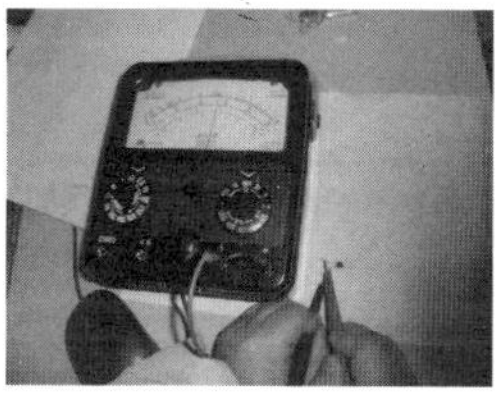 | 将万用表置于 $R×1$ 或 $R×100$ 档，分别测三个电极间电阻，晶闸管各个引脚之间的阻值都比较大，如果测得其中两个电极间阻值较小，黑表笔所接的是控制极 G，红表笔所接的是阴极 K，另一个引脚就是阳极 |

### （二）判断单向晶闸管的好坏

判别方法如表 2-5-2 所示。

表 2-5-2　单向晶闸管的好坏的判断

| 步骤 | 图示 | 操作要领 |
|---|---|---|
| 步骤一 | 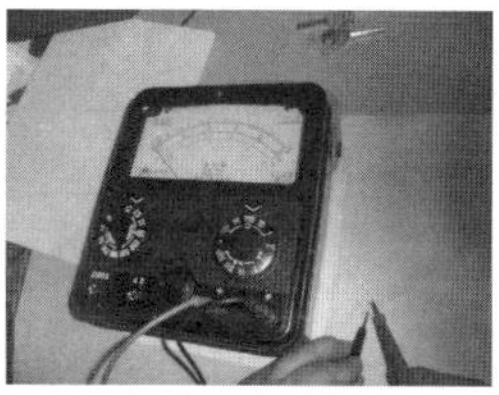 | 将万用表置于 $R×1$ 或 $R×100$ 档，测量阳极 A 与阴极 K 之间的正、反向电阻，正常时均应为无穷大，即表针不动，若测得阻值为零或较小，说明晶闸管内容击穿短路或漏电 |
| 步骤二 | 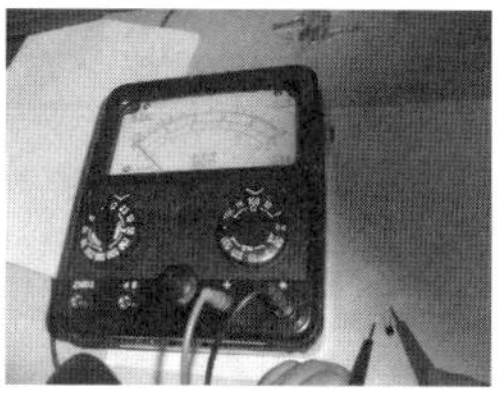 | 测量阳极 A 与控制极 G 之间的正、向电阻，正常时两个阻值都很大，若正反电阻值相差很远，则说明 G、A 之间反向串联的两个 PN 结之一已经击穿短路 |

续表

| 步骤 | 图示 | 操作要领 |
|---|---|---|
| 步骤三 | 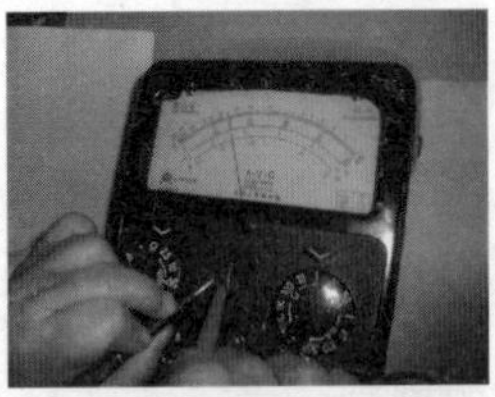 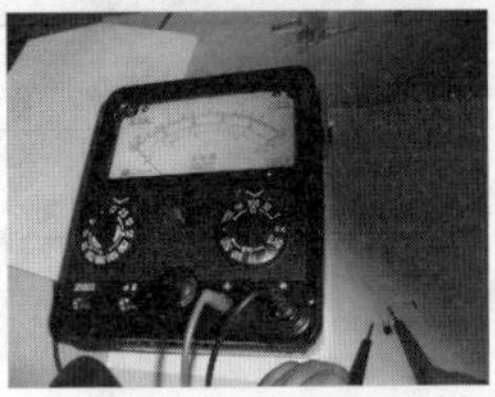  | 测量阴极 K 与控制极 G 之间的正、反向电阻，正向电阻值较小，反向电阻值较大，若两次测得的电阻值均很大或很小，则说明晶闸管 G、K 极间开路或短路，若正、反向电阻值很接近，说明该晶闸管已失效，不能使用 |

### （三）判别双向晶闸管的极性

判别方法如表 2-5-3 所示。

表 2-5-3　判别双向晶闸管的极性

| 步骤 | 图示 | 操作要领 |
|---|---|---|
| 步骤一 |    | 将万用表置于 $R×1$ 或 $R×10$ 档，分别测三个电极间的正、反向电阻，若测得某一管脚与其他两脚阻值均为无穷大，则此极便是第二电极 $T_2$ |
| 步骤二 | 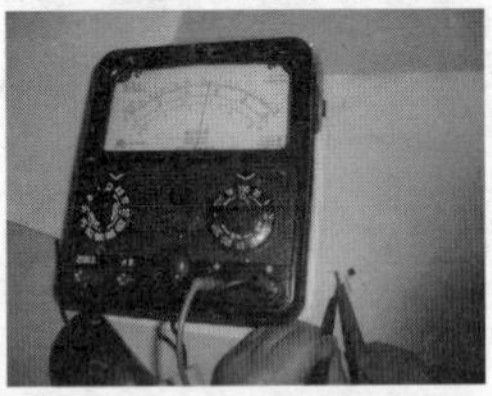  | 测量除 $T_2$ 以外的另两个管脚之间的正、反向电阻，在电阻值较小的一次测量中，黑表笔所接的是第一电极 $T_1$，红表笔所接的是控制极 G |

### （四）判断双向晶闸管的好坏

判断方法如表 2-5-4 所示。

§项目二 半导体器件基本知识及识读§

表 2-5-4 判别双向晶闸管的好坏

| 步骤 | 图示 | 操作要领 |
|---|---|---|
| 步骤一 | 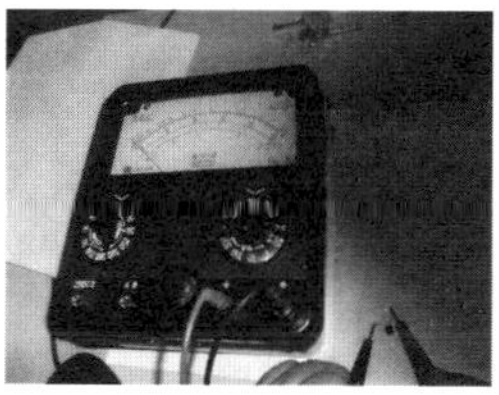 | 将万用表置于 $R\times1$ 或 $R\times100$ 档，测量阳极 A 与阴极 K 之间的正、反向电阻，正常时均应为无穷大，即表针不动，若测得阻值为零或较小，说明晶闸管内容击穿短路或漏电 |
| 步骤二 | 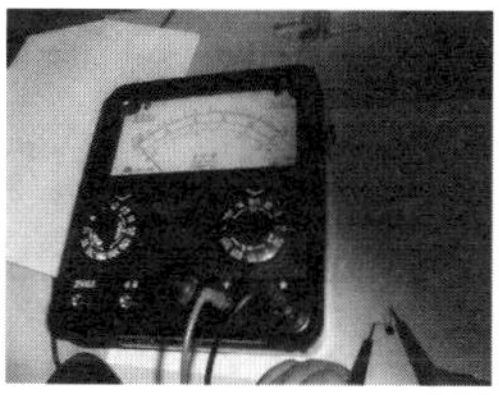 | 测量阳极 A 与控制极 G 之间的正、向电阻，正常时两个阻值都很大，若正反向电阻值相差很远，则说明 G、A 之间反向串联的两个 PN 结之一已经击穿短路 |
| 步骤三 | 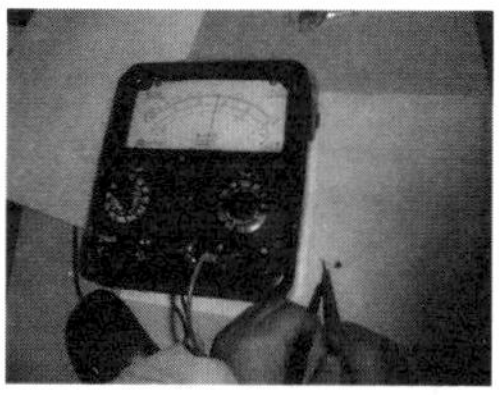 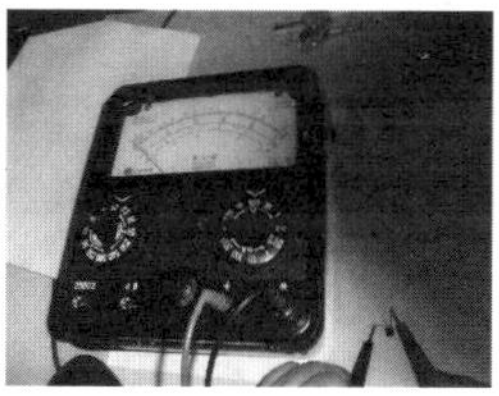 | 测量阴极 K 与控制极 G 之间的正、反向电阻，正向电阻值较小，反向电阻值较大，若两次测得的电阻值均很大或很小，则说明晶闸管 G、K 极间开路或短路，若正、反向电阻值很接近，说明该晶闸管已失效，不能使用 |

## 【任务实施】

一、训练器材

指针式万用表、数字万用表、各种型号晶闸管若干。

二、训练内容

（1）判别单向晶闸管的极性。
（2）单向晶闸管的好坏的判断。
（3）判别双向晶闸管的极性。
（4）判别双向晶闸管的极性。

三、训练方法

教师巡回指导，学生练习。

## 【任务评价】

考核标准为百分制，每部分考核标准分数如表 2-5-5 所示：

表 2-5-5 考核标准

班级：　　　姓名：　　　组别：　　　学号：　　　得分：

| 评价指标 | 主要观测点 | 自评（20%） | 互评（20%） | 师评（60%） | 小计 |
|---|---|---|---|---|---|
| 学习态度（20分） | 1. 学习前必须认真预习学习内容，明确学习目的（4分），没有预习（0分） | | | | |
| | 2. 进入教室后，在教室内严禁高声喧哗和闲聊（4分），违规一次扣（0.5分） | | | | |
| | 3. 进入教室后，服从指导教师的任务安排，配合默契（4分）；不服从指导老师的任务安排，配合不默契扣（2分） | | | | |
| | 4. 严禁携带食物和饮料进入教室（4分），违规一次扣（0.5分） | | | | |
| | 5. 爱护教室的一切设施，不得乱涂、乱写、乱刻（4分），违规一次扣（1分） | | | | |
| 学习过程（30分） | 1. 主动参与分工协作（10分）<br>2. 经劝说积极参与分工协作（8分）<br>3. 经劝说仍消极参与分工协作（4分）<br>4. 经劝说仍拒绝参与分工协作（0分） | | | | |
| | 1. 跨组积极表达正确观点，具有快速理解沟通的能力（10分）<br>2. 组内积极表达正确观点，具有快速理解沟通的能力（8分）<br>3. 不表达任何观点（0分） | | | | |
| | 1.能够认真完成实训认任务（10分）<br>2.能够完成任务（7分）<br>3.能基本完成任务（3分） | | | | |
| 学习效果（50分）（作品） | 1. 掌握单向晶闸管和双向晶闸管的结构特点并认识各种类型的晶闸管（15分） | | | | |
| | 2. 理论知识和实际应用相联系（15分） | | | | |
| | 3. 用万用表检测各种型号的晶闸管性能好坏（20分） | | | | |
| 总　计 | | | | | |

【拓展练习】

（1）怎样判断单向晶闸管各管脚极性？

（2）怎样判断双向晶闸管质量的好坏？

# 任务六　常用集成电路基本知识及检测

## 【教学目标】

一、知识目标

（1）了解常用集成电路的种类特点。
（2）掌握集成电路的检测方法。
（3）了解常用集成电路的使用方法。

二、能力目标

（1）能识别各种型号、各种类型的集成电路。
（2）用万用表判断集成电路质量好坏。

三、素养目标

（1）通过本课程的学习，培养学生用客观的眼光看问题，培养学生严谨认真的工作态度；培养学生细心做事的习惯。
（2）工作踏实、诚实守信、善于沟通合作，服从组织领导。
（3）具有较强的专业基础知识和专业技能，能在工作实践中不断提高专业技术水平，能及时捕捉本专业新技术、新知识，了解该领域发展动态和方向。

## 【教学场景】

多媒体教室、电子实训室。

## 【任务描述】

本任务学习的主要内容是集成电路的认知、检测和判断方法。

## 【相关知识】

集成电路是利用半导体工艺将电阻器、电容器、晶体管以及连线制作在一片半导体材料或绝缘基板上，形成一个完整的电路，并封装在特制的外壳之中，它具有体积小、重量轻、电路稳定、集成度高等特点，在电子产品中应用十分广泛。集成电路功能多样，种类繁多，根据外形和封装形式的不同，主要可分为金属封装型集成电路、单列直插型集成电路、双列直插型集成电路、扁平封装型集成电路、针脚插入型集成电路以及球栅阵列型集成电路等。

### 一、常见集成电路功能特点

常见集成电路如图 2-6-1 所示。

§电子产品装配与调试§

表 2-6-1  常见的集成电路及其图像符号、功能特点

| 名称 | 外形 | 特点 |
|---|---|---|
| 单列直插式集成电路 |   | 单列直插式集成块内部电路相对比较简单。其引脚数较少，只有一排引脚，这种集成电路造价较低，安装方便，小型的集成电路多采用这种封装形式 |
| 双列直插式集成电路 |   | 双列直插式集成电路多为长方形结构，两排引脚分别由两侧引出，这种集成电路内部电路较复杂，一般采用陶瓷塑封，耐高温好，安装比较方便，应用广泛，其引脚通常情况下都是直的，没有进行特殊的弯折处理 |
| 双列表面安装集成电路 |   | 双列表面安装式集成电路的引脚是分布在两侧的，引脚数目较多一般为 5~28 只。双列表面安装式集成电路引脚很细，有特殊的弯折处理，便于粘贴在电路板上 |
| 扁平封装型集成电路 |   | 扁平封装型集成电路的引脚数目较多，且引脚之间的间隙很小，主要通过表面安装技术安装在电路板上，这种集成电路在数码产品中十分常见，其功能强大，体积较小，检修和更换都较为困难 |

## 二、集成稳压器简介

用集成电路的形式制造的稳压电路称为集成稳压器。优点是性能稳定可靠，使用方便、价格低廉。

集成稳压器种类有多端式和三端式，输出电压有固定式和可调式，正压、负压输出稳压器等。

### （一）三端固定式集成稳压器

这类产品的封装形式有金属壳封装和塑料壳封装，如图 2-6-1 所示。它们都有三个管脚，分别是输入端、输出端和公共端，因此称为三端式稳压器。

（1）CW7800系列是三端固定正压输出的集成稳压器。输出电压有5 V、6 V、9 V、12 V、15 V、18 V、24 V等档次。

例如：CW7805表示输出电压为+5 V。此系列最大输出电流为1.5 A。

同类产品：CW78M00系列（0.5 A），CW78L00系列（0.1 A），CW78T00系列（3 A）和CW78H00系列（5 A）。

CW7800系列的管脚如图2-6-1所示，不同类型，不同封装形式的三端集成稳压器的引脚排列不同，使用时请查阅手册。

（2）CW7900系列是三端固定负压输出的集成稳压器。在输出电压档次、电流档次等方面与78系列相同。管脚如图所示，引脚排列请查阅手册。

（3）基本应用：电路如图2-6-2所示。电容$C_1$抑制高频干扰，$C_2$用来改善暂态响应，并具有消振作用。

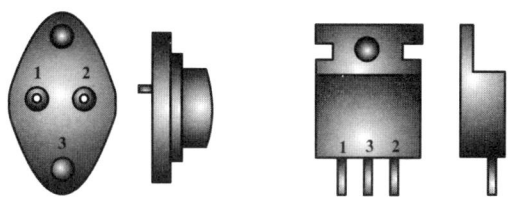

（a）金属壳封装　　（b）塑料壳封装

图2-6-1　三端固定集成稳压器外壳形状

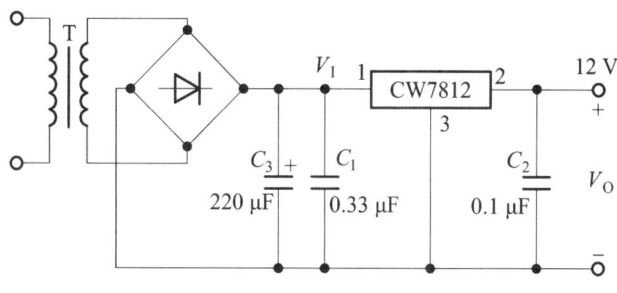

图2-6-2　CW7812集成稳压器应用电路

## （二）三端可调式集成稳压器

三端可调式稳压器的外形和管脚的编号与三端固定式稳压器相同，参见图2-6-1三端固定集成稳压器外壳形状。但管脚功能有区别，如：

CW317为三端可调式正压输出稳压器，其引脚排列请查阅手册。

CW337为三端可调式负压输出稳压器，其引脚排列请查阅手册。

CW317和CW337的基本应用电路如图2-6-3所示。应用特点是外接两个电阻（$R_1$和$R_P$）就可得到所需的输出电压。为了使电路正常工件，一般输出电流不小于5 mA。

输入电压范围在 340 V 之间,输出电压可调范围为 1.25 ~ 37 V,器件最大输出电流约 1.5 A。

三端集成稳压器具有体积小,安装方便,工作可靠等优点。它有固定输出和可调输出、正电压输出和负电压输出之分。CW7800 系列为固定正电压输出,CW7900 系列为固定负电压输出,CW317 为三端可调式正压输出,CW337 为三端可调式负压输出,使用时应注意管脚排列差异。

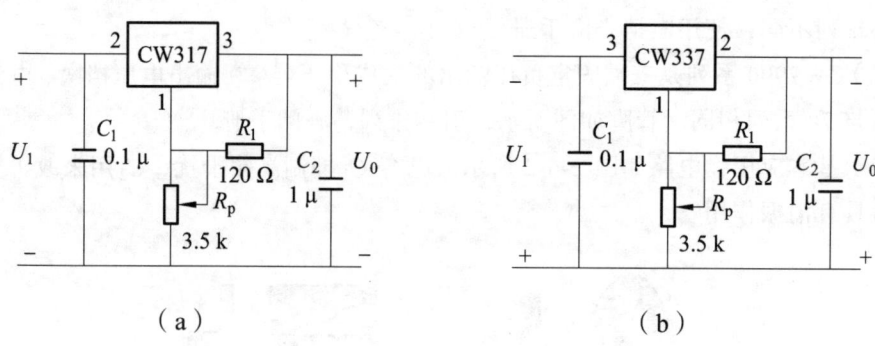

图 2-6-3　CW317 和 CW337 的基本应用电路

### 三、集成电路的检测

#### (一) 检查集成块各脚直流电压

事先了解正常时集成块的各脚直流工作电压,然后用万用表测量集成块各脚与地之间的直流电压,并与正常值进行比较,从而可以发现其不正常的部位。

实际检查时,因为各脚直流工作电压的变化比较小,有时会错过不正常部位的判断;或有几个脚的电压都改变了,增加判断难度。为此最好能事先了解该集成块的内部电路图,至少要了解内部方框图。要掌握各脚的电压是由内部输出的还是外部供给的。这样给判断会带来很大的方便,就容易判断故障的原因是集成块内部还是外围元器件引起的。

#### (二) 测量集成块各脚与地之间的电阻值

用万用表测量集成块各脚与地之间的电阻值。在测量阻值时要测出万用表表棒正反两次测量的结果,即先用红表棒接地,黑表棒测量被测端获得一个结果,再用黑表棒接地,红表棒测量被测端获得另一个结果。将这两个结果同时与正常值相比较,以判断不正常的部位。

#### (三) 检查集成块的输入与输出波形

用示波器测量集成块的输入和输出信号的波形,并将此信号波形与正常波形相比较,以判断不正常的部位。

## （四）检查集成块的外围元器件

在采用上述三种方法均无法找到不正常部位时，就应逐一检查其外围元件了或更换集成块。检查外围元器件时，应将元器件的一端脱开电路来测试，这样就不会受其他元器件的影响。

## 四、集成电路检测实例

检测集成电路的好坏，一般常采用的方法有两种：

在通电状态下，测其主要引脚的电压或波形参数，并与集成电路手册中的标准值进行对比判断。

在断电状态下，测其各引脚的正反向电阻值，并与标准值进行对照判断。一般情况下，若出现多组引脚正反向阻值为零或无穷大时，表明其内部损坏。

### （一）三端稳压器的检测实训

以 AN7805 型三端稳压器为例，介绍其检测方法。

检测三端稳压器时可在通电的状态下进行，检测时将万用表调至直流电 10 V 档，然后将黑表笔接地端，用红表笔接三端稳压器的①脚，观察万用表的计数，此时测得三端稳压器输入的直流电压为 8 V，正常，然后对三端稳压器②脚输出的直流电压进行检测。检测时将万用表的黑表笔接地，用红表笔接三端稳压器的②脚，观察万用表的读数，此时测得三端稳压器输出的直流电压为 5 V，正常，对检测数值进行判断，若三端稳压器输入的直流电压正常，而输出的电压不正常，则说明本身可能损坏。

### （二）音频放大器检测

音频放大器是比较常用的一种交流信号放大集成电路，下面以 TDA7057AQ 型音频放大器为例（见图 2-6-4），介绍交流放大器的检测方法。

图 2-6-4　TDA7057AQ 型音频功率放大器实物外形

1. TDA7057AQ 型音频功能放大器引脚功能和检测参数

引脚功能和检测参数如表 2-6-2 所示。

表 2-6-2　TDA7057AQ 型音频功能放大器引脚功能和检测参数

| 引脚序号 | 英文缩写 | 集成电路引脚功能 | 电阻参数/kΩ | | 直流电压参数/V |
| --- | --- | --- | --- | --- | --- |
| | | | 红表笔接地 | 黑表笔接地 | |
| ① | LVOLCON | 左声道音量信号 | 0.78 | 0.78 | 0.5 |
| ② | NC | 空脚 | ∞ | ∞ | 0 |
| ③ | LIN | 左声道音频信号输入 | 27 | 12 | 2.4 |
| ④ | $V_{CC}$ | 电源+12 V | 40.2 | 5 | 12 |
| ⑤ | RIN | 右声道音频信号输入 | 150 | 11.4 | 2.5 |
| ⑥ | GND | 接地 | 0 | 0 | 0 |
| ⑦ | RVOLCON | 右声道音量控制信号 | 0.78 | 0.78 | 0.5 |
| ⑧ | ROUT | 右声道音频信号输出 | 30.1 | 8.4 | 5.6 |
| ⑨ | GND | 接地（功放电路） | 0 | 0 | 0 |
| ⑩ | ROUT | 右声道音频信号输出 | 30.1 | 8.4 | 5.6 |
| ⑪ | LOUT | 左声道音频信号输出 | 30.2 | 8.4 | 5.7 |
| ⑫ | GND | 接地 | 0 | 0 | 0 |
| ⑬ | LOUT | 左声道音频信号输出 | 30.1 | 8.4 | 5.7 |

2. 检测方法

（1）首先检测音频放大器的④脚 12 V 供电电压，检测时需将模拟万用表调至直流 50 V 档，然后将黑表笔接地端，用红表笔搭在④脚上，此时检测的供电电压为+12 V，正常。

（2）然后对各引脚的正向和反向对地阻值进行检测，将其断电后检测音频放大器的正向阻值，检测时需将万用表调至电阻 $R×1$ k 档，然后用黑表笔接地端，用红表笔分别接各个引脚，观察万用表的读数，如③脚对地阻值为 27 kΩ。

（3）检测音频放大器 TDA7057AQ 的反向对地阻值，检测时将红表笔接地端，用黑表笔分别接音频放大器的各个引脚，如检测③脚时万用表显示的读数为 12 kΩ，正常。

【任务实施】

一、训练器材

指针式万用表、数字万用表、各种集成电路若干。

二、训练内容

（1）检测集成电路好坏（两种方法）。

（2）三端稳压器 AN7805 的检测。

（3）音频放大器 TDA7057AQ 的检测。

三、训练方法

教师巡回指导，学生练习。

## 【任务评价】

考核标准为百分制，每部分考核标准分数如表 2-6-3 所示：

表 2-6-3 考核标准

班级：　　姓名：　　组别：　　学号：　　得分：

| 评价指标 | 主要观测点 | 自评(20%) | 互评(20%) | 师评(60%) | 小计 |
|---|---|---|---|---|---|
| 学习态度（20分） | 1. 学习前必须认真预习学习内容，明确学习目的（4分），没有预习（0分） | | | | |
| | 2. 进入教室后，在教室内严禁高声喧哗和闲聊（4分），违规一次扣（0.5分） | | | | |
| | 3. 进入教室后，服从指导教师的任务安排，配合默契（4分）；不服从指导老师的任务安排，配合不默契扣（2分） | | | | |
| | 4. 严禁携带食物和饮料进入教室（4分），违规一次扣（0.5分） | | | | |
| | 5. 爱护教室的一切设施，不得乱涂、乱写、乱刻（4分），违规一次扣（1分） | | | | |
| 学习过程（30分） | 1. 主动参与分工协作（10分）<br>2. 经劝说积极参与分工协作（8分）<br>3. 经劝说仍消极参与分工协作（4分）<br>4. 经劝说仍拒绝参与分工协作（0分） | | | | |
| | 1. 跨组积极表达正确观点，具有快速理解沟通的能力（10分）<br>2. 组内积极表达正确观点，具有快速理解沟通的能力（8分）<br>3. 不表达任何观点（0分） | | | | |
| | 1. 能够认真完成实训任务（10分）<br>2. 能够完成任务（7分）<br>3. 能基本完成任务（3分） | | | | |
| 学习效果（50分）（作品） | 1. 理论知识和实训任务能贯通（15分） | | | | |
| | 2. 理论知识和实际应用相联系（15分） | | | | |
| | 3. 实际操作能与实际应用相连接（20分） | | | | |
| 总　计 | | | | | |

**【拓展练习】**

（1）判断 TDA7057AQ 型音频功能放大器质量好坏。

（2）判断 CW7805 型三端稳压器质量好坏。

# 项目三　其他常用元器件和常用维修工具的认识和使用

## 任务一　其他常用元器件的认识及使用

### 【教学目标】

一、知识目标

（1）了解其他常用元器件的外形特点。

（2）了解其他常元器件的使用方法。

二、能力目标

（1）熟练掌握各种常用元器件的使用方法。

（2）熟悉各种常用元器件的使用场合。

（3）能够简单维修。

三、素养目标

（1）培养细心做事习惯。

（2）能吃苦耐劳，有安全责任心。

（3）工作踏实、诚实守信、善于沟通合作，服从组织领导。

### 【教学场景】

多媒体教室、电子实训室。

### 【任务描述】

本任务学习的主要内容是各种常用元器件的认知。

### 【相关知识】

在电子产品中，除了前面所讲的元器件之外，还经常使用到其他一些元器件，如 LED 数码管、接插件、开关等。

#### 一、LED 数码管

LED 数码管是常用的一种显示器件，它是将发光二极管制成条状，通过一定的连接方式，组成数字"8"，使用时让某些笔画段上的发光二极管发亮，即可组成 0～9 的一系列数字，如图 3-1-1 所示为其外形。LED 数码管是一种主动发光的器件，具有功耗低、亮度高、寿命长和尺寸小等优点，其引脚分布及内部结构如图 3-1-2 所示。

图 3-1-1　LED 数码管

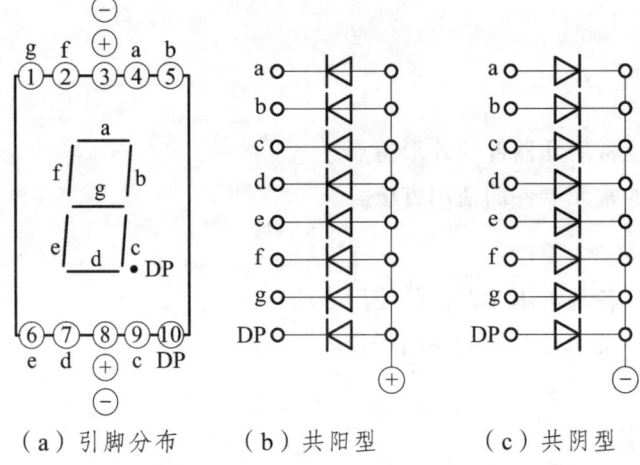

（a）引脚分布　　　（b）共阳型　　　（c）共阴型

图 3-1-2　LED 数码管的引脚分布及内部结构

## 二、接插件

常用接插件如图 3-1-3 所示。

（a）圆形接插件

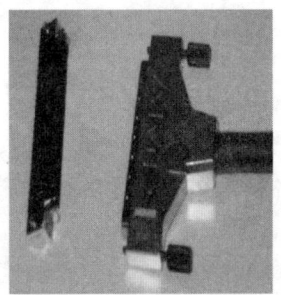
（b）矩形接插件

（c）高频接插件

（d）印制电路板接插件

§ 项目三  其他常用元器件和常用维修工具的认识和使用 §

 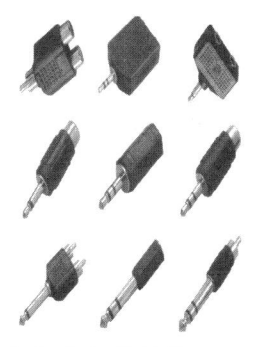 

（e）带状电缆接插件　　　（f）音频接插件　　　（g）集成电路接插件

图 3-1-3　接插件

## 三、开关

常用开关如图 3-1-4 所示。

 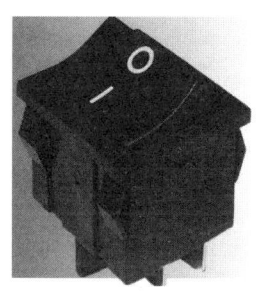 

（a）钮子开关　　　　　（b）船形开关　　　　　（c）轻触开关

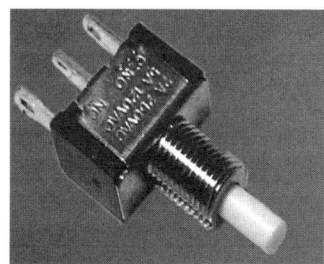 

（d）按钮开关

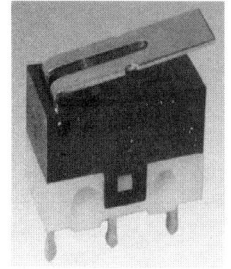  

（e）微动开关　　　　（f）DIP 拨动开关　　　（g）DIP 侧拨开关

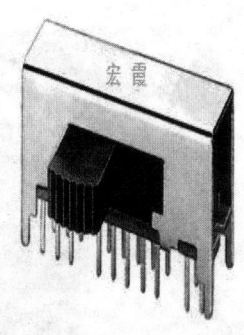

（h）滑动开关

图 3-1-4　开关

## 【任务实施】

**一、训练器材**

各种开关、接插件若干。

**二、训练内容**

能识别各种型号的电路接插件及各种开关。

**三、训练方法**

教师巡回指导，学生练习。

## 【任务评价】

考核标准为百分制，每部分考核标准分数如表 3-1-1 所示：

表 3-1-1　考核标准

班级：　　　姓名：　　　组别：　　　学号：　　　得分：

| 评价指标 | 主要观测点 | 自评<br>（20%） | 互评<br>（20%） | 师评<br>（60%） | 小计 |
|---|---|---|---|---|---|
| 学习态度（20分） | 1. 学习前必须认真预习学习内容，明确学习目的（4分），没有预习（0分） | | | | |
| | 2. 进入教室后，在教室内严禁高声喧哗和闲聊（4分），违规一次扣（0.5分） | | | | |
| | 3. 进入教室后，服从指导教师的任务安排，配合默契（4分）；不服从指导老师的任务安排，配合不默契扣（2分） | | | | |
| | 4. 严禁携带食物和饮料进入教室（4分），违规一次扣（0.5分） | | | | |
| | 5. 爱护教室的一切设施，不得乱涂、乱写、乱刻（4分），违规一次扣（1分） | | | | |

续表

| 评价指标 | 主要观测点 | 自评<br>(20%) | 互评<br>(20%) | 师评<br>(60%) | 小计 |
|---|---|---|---|---|---|
| 学习过程（30分） | 1. 主动参与分工协作（10分）<br>2. 经劝说积极参与分工协作（8分）<br>3. 经劝说仍消极参与分工协作（4分）<br>4. 经劝说仍拒绝参与分工协作（0分） | | | | |
| | 1. 跨组积极表达正确观点，具有快速理解沟通的能力（10分）<br>2. 组内积极表达正确观点，具有快速理解沟通的能力（8分）<br>3. 不表达任何观点（0分） | | | | |
| | 1. 能够认真完成实训和任务（10分）<br>2. 能够完成任务（7分）<br>3. 能基本完成任务（3分） | | | | |
| 学习效果（50分）<br>（作品） | 1. 理论知识和实训任务能贯通（15分）<br>2. 理论知识和实际应用相联系（15分）<br>3. 实际操作能与实际应用相连接（20分） | | | | |
| 总　　计 | | | | | |

**【拓展练习】**

（1）回去细心观察所学过的电路接插件及各种开关，注意它们使用方法及使用场合。

（2）上网搜索各种新型电路接插件及各种常用开关，了解相关知识。

# 任务二　常用维修工具的认识及使用

**【教学目标】**

一、知识目标

（1）了解常用维修工具的外形。

（2）了解常用维修工具的特点。

（3）掌握常用维修工具的使用方法。

二、能力目标

（1）熟练掌握各种常用工具的使用方法。

（2）掌握种常用工具的维修方法。

三、素养目标

（1）有能吃苦耐劳，有安全的责任心。

（2）工作踏实、诚实守信、善于沟通合作，服从组织领导。

（3）具有较强的实践技能，具备一定的分析和解决本专业实际问题能力，具有初步的组织管理能力，具有一定的生产管理和技术管理能力。

**【教学场景】**

多媒体教室、电子实训室。

**【任务描述】**

本任务学习的主要内容是各种常用工具的使用方法。

**【相关知识】**

## 一、工具和材料

常用工具材料如图 3-2-1 所示。

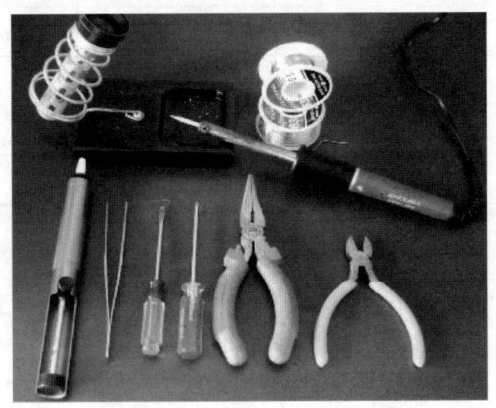

图 3-2-1　工具材料

### （一）焊接工具

焊接工具如图 3-2-2 所示。

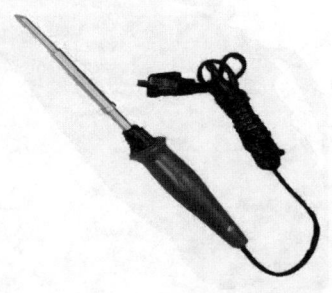　　

（a）内热式电烙铁　　　　　　　　（b）外热式电烙铁

§项目三 其他常用元器件和常用维修工具的认识和使用§

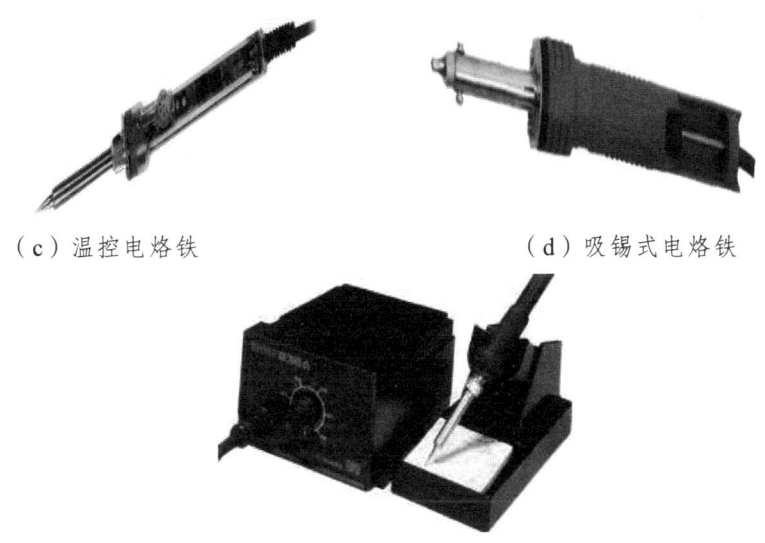

（c）温控电烙铁　　　　　　（d）吸锡式电烙铁

（e）台式电烙铁

图 3-2-2　焊接工具

## （二）电烙铁的结构

### 1. 内热式电烙铁的结构

由烙铁头、烙铁芯、连接杆、手柄和电源线等几部分组成，如图 3-2-3 所示。

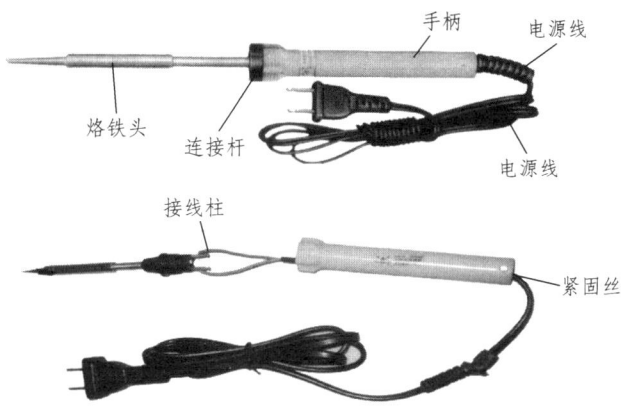

图 3-2-3　内热式电烙铁的结构

（1）几种烙铁头的形状，如图 3-2-4 所示。

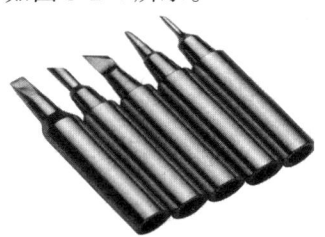

图 3-2-4　烙铁头的形状

（2）烙铁芯（见图 3-2-5）。

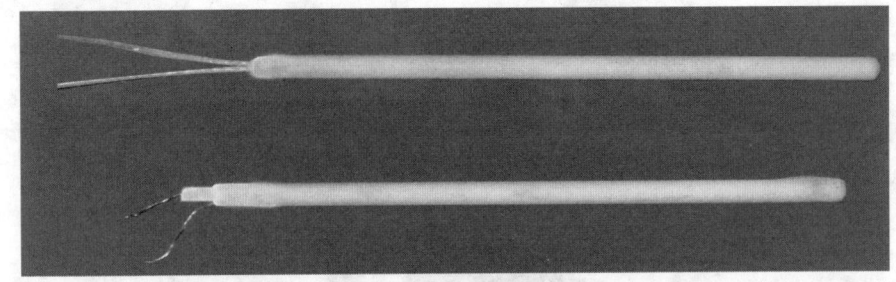

图 3-2-5　烙铁芯

（3）不同的季节选用不同规格（功率）的电烙铁，一般经验为：夏季选用 20 W，春、秋季选用 35 W，冬季选用 50 W。

2. 外热式电烙铁

外热式电烙铁外形及结构：由烙铁头、烙铁芯、外壳、手柄和电源线等部分组成，如图 3-2-6 所示。

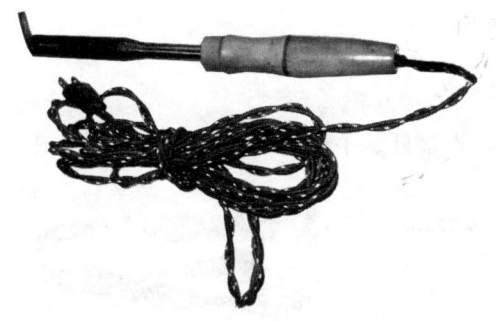

图 3-2-6　外热式电烙铁

常用的规格有：25 W、50 W、75 W 和 100 W 等几种。

利用烙铁头的插入深度来调节温度。

3. 电烙铁拆装

（1）内热式电烙铁的拆装。

① 用起子旋下电烙铁手柄后部的坚固螺丝，拉出紧固套，然后旋下手柄。

② 用起子旋下接线柱的圆柱体螺丝，取出烙铁芯和电源线。

③ 拔下烙铁头。

④ 观察电烙铁各部件结构和它们的装配关系。

⑤ 万用表测量烙铁芯的冷态电阻，并作记录。

⑥ 按照与拆卸相反的顺序照原样重新装配，使电烙铁复原。

⑦ 用万用表在插头两端测烙铁芯的冷态电阻值。若阻值为∞，可能是插头、电源线或电烙铁芯断路；若阻值为 0，可能是上述部分短路。进一步需查明原因，给以排除。

若测量阻值同冷态电阻值，表明基本正常。

⑧漏电电阻的测量。用万用表 $R\times 10\,k$ 档，测量电烙铁的绝缘电阻，其接法是万用表一表笔接电烙铁电源插头上的任意一金属片，另一表笔接电烙铁的金属外壳。绝缘电阻大于 2 MΩ，表明电烙铁不漏电。

（2）外热式电烙铁的拆装。

外热式电烙铁的拆装方法和步骤同上内热式电烙铁。

4. 电烙铁的使用

（1）安全检查。

用万用表检查电源插头之间的电阻值大小，通过电阻值来确定电烙铁是否有短路、开路等情况。一般 35 W 电烙铁的正常阻止在 1.4 kΩ 左右。

（2）新烙铁头的处理。

一般普通型新烙铁头不宜直接使用，要对烙铁头进行处理。具体方法是将电烙铁加热，等温度正常后，用平锉锉去烙铁头头部的镀镍层，并注意修整烙铁头的形状，锉好之后迅速在所锉表面加上焊锡，防止头部氧化。旧的烙铁头如果因氧化严重而发黑，也可同样处理。

吃锡步骤（见图 3-2-7）：

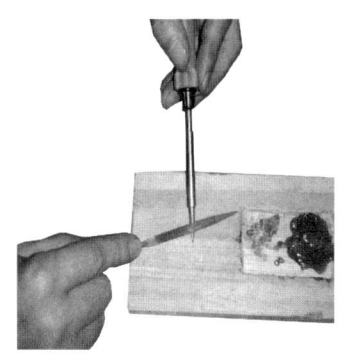

（a）打磨或擦拭

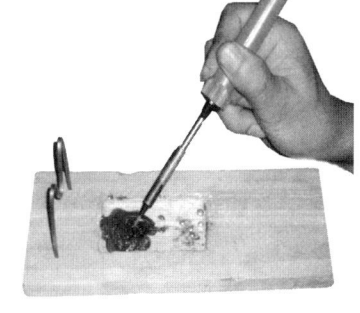

（b）蘸松香

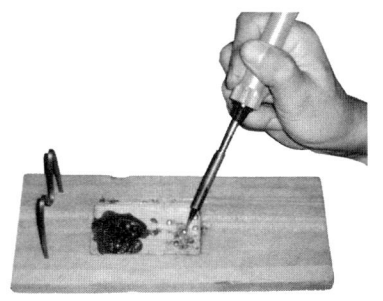

（c）吃锡

（d）老化

图 3-2-7　吃锡步骤

（3）烙铁架的好处（见图 3-2-8）。
① 可以放置工作中的烙铁；
② 烙铁暂时不用时，有利于散热，烙铁头不易烧死；
③ 确保安全性，不易引起烫伤物品或火灾；
④ 架板（选用坚硬的木质）部分可用作工作台面，用以刮、烫元器件；
⑤ 有松香槽，方便助焊。
⑥ 焊锡槽方便盛装剩余的焊锡和烙铁用锡。

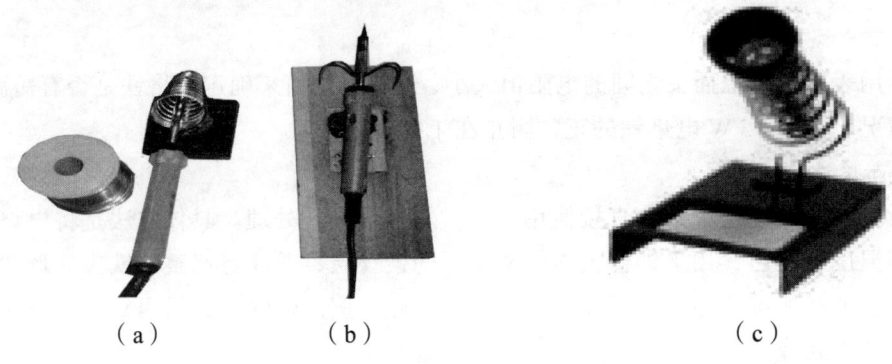

（a） （b） （c）

图 3-2-8 烙铁架

## （三）吸锡器

掌握正确的拆焊方法和拆焊工具的使用尤为重要。常见的拆焊工具——吸锡器，有以下几种：医用空心针头、金属编织网、吸锡球、手动吸锡器、电热吸锡器、电动吸锡枪、双用吸锡电烙铁等几种。

1. 医用空心针头

使用时，要根据元器件引脚的粗细选用合适的空心针头，常备有 9~24 号针头各一只，操作时，右手用烙铁加热元器件的引脚，使元件引脚上的锡全部熔化，这时左手把空心针头左右旋转刺入引脚孔内，使元件引脚与铜箔分离，此时针头继续转动，去掉电烙铁，等焊锡固化后，停止针头的转动并拿出针头，就完成了脱焊任务，如图3-2-9 所示。

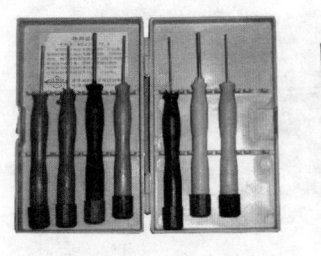 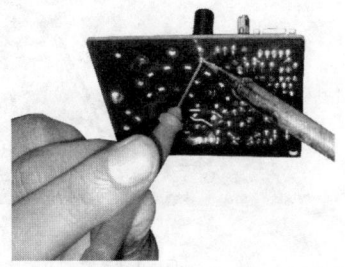

（a）各型号空心针头 （b）吸锡方法

图 3-2-9 医用空心针头使用方法

## 2. 金属编织网

（1）使用方法。

先用电烙铁把焊点上的锡熔化，使锡转动移到编织网线或多股铜线上，并拽动网线，各脚上的焊锡即被网线吸附，从而使元件的引脚与线路脱离。当网线吸满锡后，剪去已吸附焊锡的网线。

（2）金属编织网吸锡法（见图 3-2-10）。

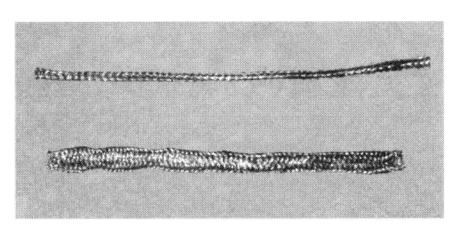 

（a）金属编织网　　　　　　　　　（b）金属编织网法吸锡方法

图 3-2-10　金属编织网吸锡法

## 3. 吸锡球

具体操作方法是，一手把吸锡球的头部放到被拆卸元件的引脚最近处，一手用电烙铁熔化被拆卸元件的焊点处焊锡，在焊锡熔化时用手按动吸锡球的球部，一次或多次就可以把引脚外的引脚分开，如图 3-2-11 所示。

（a）　　　　　　　　　　　　　（b）

图 3-2-11　吸锡球使用方法

## 4. 手动吸锡器

使用时，先把吸锡器末端的滑杆压入，直至听到"咔"声，则表明吸锡器已被锁定。再用烙铁对焊点加热，使焊点上的焊锡熔化，同时将吸锡器靠近焊点，按下吸锡器上面的按钮即可将焊锡吸上，如图 3-2-12（b）所示。若一次未吸干净，可重复上述步骤。

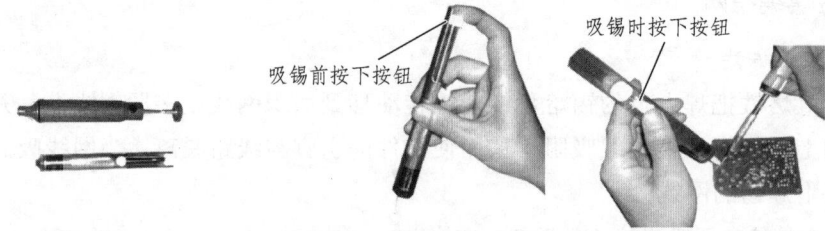

图 3-2-12 手动吸锡器使用方法

5. 电动吸锡枪

（1）结构：主要由真空泵、加热器、吸锡头及容锡室等组成，是集电动、电热吸锡于一体的新型除锡工具，如图 3-2-13 所示。

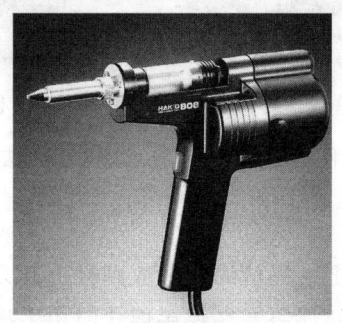

图 3-2-13 电动吸锡枪

（2）使用方法：

电动吸锡枪的使用方法是，吸锡枪接通电源后，经过 5～10 分钟预热，当吸锡头的温度升到最高时，用吸锡头贴紧焊点使焊锡熔化，同时将吸锡头内孔一侧贴在引脚上，并轻轻拨动引脚，待引脚松动、焊锡充分熔化后，扣动扳机吸锡即可。

### （四）焊接材料（分为焊料和焊剂）

（1）焊料为易熔金属，手工焊接所使用的焊料为锡铅合金。具有熔点低、机械强度高、表面张力小和抗氧化能力强等优点，如图 3-2-14 所示。

图 3-2-14 焊接材料

（2）焊剂（分为助焊剂和阻焊剂），如图3-2-15所示。

 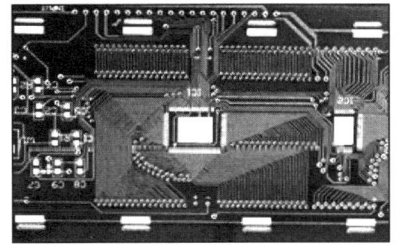

（a）助焊剂（松香）　　　　　　（b）阻焊剂（光固树脂）

图 3-2-15　焊剂

（3）焊料与焊剂结合——手工焊锡丝，如图3-2-16所示。

图 3-2-16　焊料与焊剂结合——手工焊锡丝

## 【任务实施】

一、训练器材

各种型号电烙铁若干，各类吸锡器若干。

二、训练内容

（1）正确使用各种型号的电烙铁，新烙铁烙铁头处理。

（2）正确使用各类吸锡器。

三、训练方法

教师巡回指导，学生练习

## 【任务评价】

考核标准为百分制，每部分考核标准分数如表3-2-1所示：

表 3-2-1　考核标准

班级：　　　姓名：　　　组别：　　　学号：　　　得分：

| 评价指标 | 主要观测点 | 自评（20%） | 互评（20%） | 师评（60%） | 小计 |
|---|---|---|---|---|---|
| 学习态度（20分） | 1. 学习前必须认真预习学习内容，明确学习目的（4分），没有预习（0分） | | | | |
| | 2. 进入教室后，在教室内严禁高声喧哗和闲聊（4分），违规一次扣（0.5分） | | | | |
| | 3. 进入教室后，服从指导教师的任务安排，配合默契（4分）；不服从指导老师的任务安排，配合不默契扣（2分） | | | | |
| | 4. 严禁携带食物和饮料进入教室（4分），违规一次扣（0.5分） | | | | |
| | 5. 爱护教室的一切设施，不得乱涂、乱写、乱刻（4分），违规一次扣（1分） | | | | |
| 学习过程（30分） | 1. 主动参与分工协作（10分）<br>2. 经劝说积极参与分工协作（8分）<br>3. 经劝说仍消极参与分工协作（4分）<br>4. 经劝说仍拒绝参与分工协作（0分） | | | | |
| | 1. 跨组积极表达正确观点，具有快速理解沟通的能力（10分）<br>2. 组内积极表达正确观点，具有快速理解沟通的能力（8分）<br>3. 不表达任何观点（0分） | | | | |
| | 1. 能够认真完成实训任务（10分）<br>2. 能够完成任务（7分）<br>3. 能基本完成任务（3分） | | | | |
| 学习效果（50分）（作品） | 1. 理论知识和实训任务能贯通（15分） | | | | |
| | 2. 理论知识和实际应用相联系（15分） | | | | |
| | 3. 实际操作能与实际应用相连接（20分） | | | | |
| 总　计 | | | | | |

**【拓展练习】**

（1）练习使用电烙铁。

（2）练习使用吸锡器。

# 项目四　常用检测仪表的功能特点和使用方法

## 任务一　万用表的使用

【教学目标】

一、知识目标

（1）了解指针式万用表结构、特点及使用方法。

（2）了解数字万用表结构、特点及使用方法。

（3）了解万用表的维修方法。

二、能力目标

（1）熟练掌握万用表测量电阻、交直流电流、交直流电压方法。

（2）熟练掌握万用表检测电子元器件的方法。

（3）熟练掌握万用表维修方法。

三、素养目标

（1）通过本课程的学习，培养学生用客观的眼光看问题，培养学生严谨认真的工作态度；培养学生细心做事的习惯。

（2）具有较强的专业基础知识和专业技能，能在工作实践中不断提高专业技术水平，能及时捕捉本专业新技术、新知识，了解该领域发展动态和方向。

（3）具有较强的实践技能，具备一定的分析和解决本专业实际问题能力，具有初步的组织管理能力，具有一定的生产管理和技术管理能力。

【教学场景】

多媒体教室、电子实训室。

【任务描述】

本任务学习的主要内容是熟练掌握万用表的使用方法。

【相关知识】

一、电子元器件的检测项目

在电子产品中每种元器件的参数都有很多项，但在生产、测试和维修工作中只需检测主要的项目，如表 4-1-1 所示。万用表是检测各种元器件不可缺少的仪表，而测量元器件的电阻值又是许多元件首选的项目，通过电阻值的测量可以判别元器件的基本性能。

表 4-1-1　常用电子元器件的检测项目和仪表

| 电器零件 | 检测项目 | 使用仪表 |
| --- | --- | --- |
| 电阻 | 电阻值 | 万用表、电桥 |
| 电容 | 电容量 | 万用表、电容测试仪 |
| 电感 | 电感量 | 万用表、电感测试仪 |
| 变压器 | 电感量、电阻 | 万用表、电感测试仪 |
| 电动机 | 电感量、电阻 | 万用表、电感测试仪 |
| 传感器 | 电阻值 | 万用表、测试仪 |
| 二极管 | 阻抗、特性曲线 | 万用表、晶体管测试仪 |
| 三极管 | 阻抗、特性曲线 | 万用表、晶体管测试仪 |
| 场效应晶体管 | 阻抗、特性曲线 | 万用表、晶体管测试仪 |
| 晶闸管 | 阻抗、特性曲线 | 万用表、测试仪 |
| 集成电路 | 电阻值、性能 | 万用表、示波器 |

## 二、万用表的种类特点

目前，最常见的万用表主要可以分为指针式万用表和数字万用表两种，如图 4-1-1 所示。

（a）台式万用表　　（b）指针式万用表　　（c）指针式万用表

（d）钳式万用表　　（e）数字式万用表　　（f）数字式万用表

图 4-1-1　万用表的种类

### （一）指针式万用表

指针式万用表也称为模拟万用表，它是通过指针指示的方式直接在刻度盘上显示测量的结果。用户可以根据指针的摆动情况或指向来获取测量状态或测量数值，进而对检测过程做出判断。指针式万用表的读数精度较数字式万用表稍差，但指针摆动的过程比较直观、明显，其摆动速度和幅度有时也能比较客观地反映被测量值的大小和方向。

1. 指针式万用表的结构

指针式万用表在结构上由三部分组成：指示部分（表头）、测量电路、转换装置。

（1）指示部分（表头）通常由磁电式直流微安表（个别为毫安表）组成。

（2）测量电路的主要作用是把被测的电量转变成适合于表头指示用的电量。

（3）转换装置通常由选择（转换）开关、接线柱、按钮、插孔等组成。

2. 指针式万用表的特点

（1）万用表的重要性能之一是灵敏度，表头的灵敏度是指表头指针由零刻度偏转到满刻度时，动圈中通过的电流值。

例如，作 100 V 量程的直流电压测量时，指针满度值的电流为 50 μA，则该万用表的内阻 $R_i$ 为

$$R_i = \frac{100 \text{ V}}{50 \text{ μA}} = 2 \text{ MΩ}$$

$$\text{灵敏度} = \frac{\text{电表内阻}}{\text{电压量程}} = \frac{2 \text{ MΩ}}{100 \text{ V}} = 20\,000 \text{ Ω/V}$$

（2）灵敏度愈高，对电子电路的测量准确度就愈高。

（3）内附电池通常采用两块：一块为低电压的 1.5 V；另一块是高电压的 9 V 或 15 V。其黑表笔所接是表内电池的正极，而红表笔所接是表内电池的负极。

（4）能够容许通过的电流是有限的。

3. 指针式万用表的工作原理

（1）直流电流测量原理，如图 4-1-2 所示。

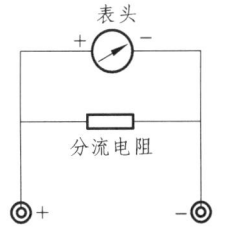

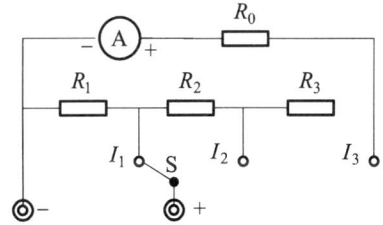

（a）带分流器的单量程电流表电路　　　（b）多量程闭路式分流器

图 4-1-2　直流电流测量原理

（2）直流电压测量原理，如图 4-1-3 所示。

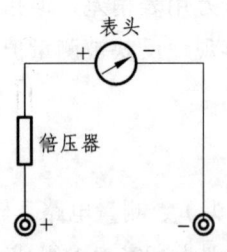 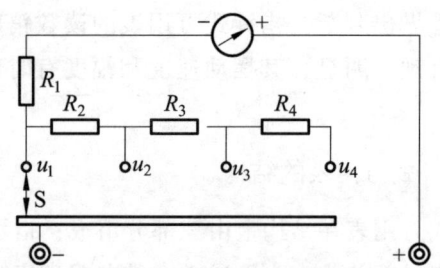

（a）带倍压器的单量程电压表电路　　（b）多量程电压表电路

图 4-1-3　直流电压测量原理

（3）交流电流、电压测量原理如图 4-1-4 所示。

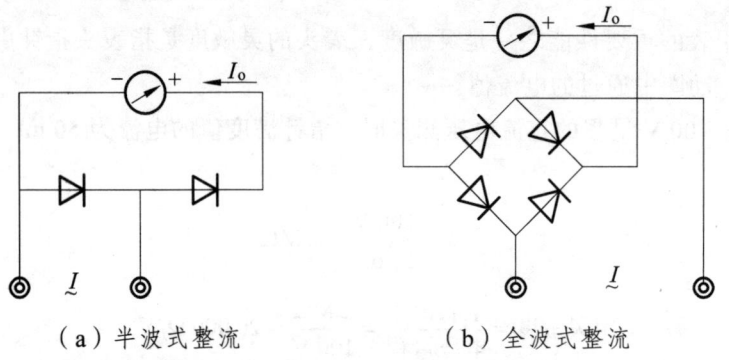

（a）半波式整流　　　　（b）全波式整流

图 4-1-4　交流电流、电压测量原理

（4）电阻测量原理如图 4-1-5 所示。

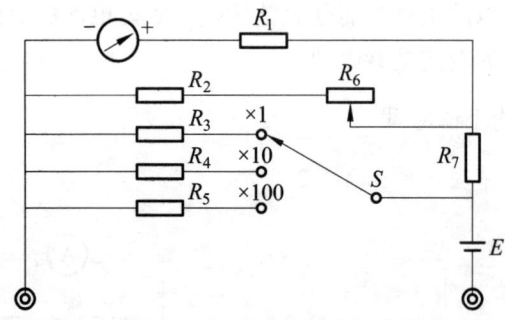

图 4-1-5　电阻测量原理

指针式万用表除了上述几个基本参量的测量外，有些万用表还附加有其他参量的测量，例如，电平的测量，电容器容量的测量，电感线圈电量的测量，晶体管主要直流参数的测量等。

4. 常用的指针式万用表

常见型号有 MF30、MF47、MF50、MF500 型等。

（1）MF47 型。

§ 项目四 常用检测仪表的功能特点和使用方法 §

① 概述:MF47 型是设计新颖的磁电系整流便携式多量程万用表。

② 结构特征:

a. MF47 型万用表外形结构,如图 4-1-6 所示。

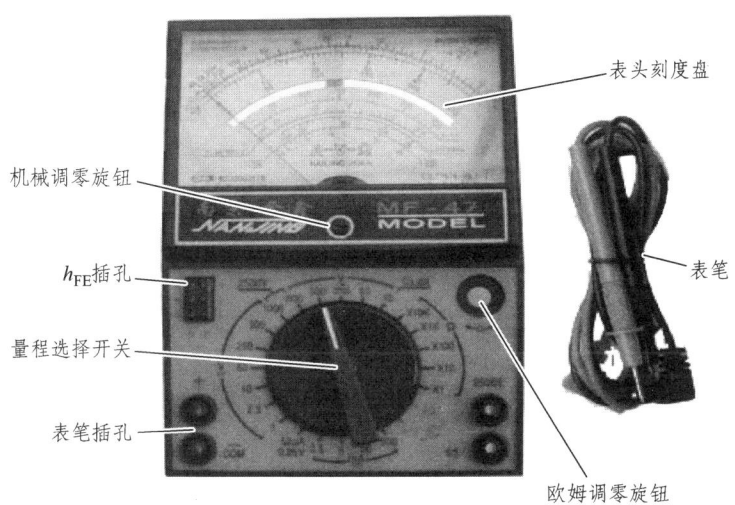

图 4-1-6  MF47 型万用表外形结构

b. MF47 型万用表面板各部分功能,如表 4-1-2 所示。

表 4-1-2  MF47 型万用表面板各部分功能

| 面板部分 | 功能 |
|---|---|
| 表头标度盘 | 表头面板上有多条刻度线,主要用于电压、电流、电阻、电平等测量读数 |
| 机械调零旋钮 | 用于校正表针左端的零位 |
| 欧姆调零旋钮 | 用于校正测量电阻时的欧姆零位(右端) |
| 量程选择开关 | 用于选择和转换测量项目的量程;"mA"—直流电流;"V"—直流电压;"∽"—交流电压;"Ω"—电阻 |
| 表笔插孔 | 将表笔红黑插头分别插入"+""-"插孔中,如测量交直流 2500 V 或直流 5 A 时,红笔插头则应分别插到有"2500∽"或"5A"的插孔中 |
| 插孔 | 三极管检测的插孔 |
| 提把 | 用来携带或作倾斜支撑,便于读数 |

c. MF47 型指针式万用表技术规范,如表 4-1-3 所示。

表 4-1-3  MF47 型指针式万用表技术规范

| 功能 | 量程 | 灵敏度及电压降 | 标度尺 |
|---|---|---|---|
| 直流电流 | 0~0.05 mA~0.5 mA~5 mA~<br>50 mA~500 mA<br>5 A | 0.3 V | 第 2 条刻度线 |

续表

| 功能 | 量程 | 灵敏度及电压降 | 标度尺 |
|---|---|---|---|
| 直流电压 | 0~0.25 V~1 V~2.5 V~10 V~ 50 V~250 V~500 V~1000 V | 20 kΩ/V | 第2条刻度线 |
|  | 2500 V | 4 kΩ/V |  |
| 交流电压 | 0~10 V~50 V~250 V~500 V~ 1000 V | 4 kΩ/V | 第2条刻度线 |
|  | 2500 V |  |  |
| 直流电阻 | $R\times 1$, $R\times 10$, $R\times 100$, $R\times 1\text{ k}\Omega$, $R\times 10\text{ k}$ | $R\times 1$ 中心刻度为 1.65 Ω | 第1条刻度线 |
| 音频电平 | −10 dB ~ +22 dB | 0 dB=1 mV 600 Ω | 第6条刻度线 |
| 晶体管直流极大倍数 | 0~300 $h_{EF}$ |  | 第3条刻度线 |
| 电感 | 20~1000 H |  | 第5条刻度线 |
| 电容 | 0.001~0.3 μF |  | 第4条刻度线 |

d. MF47 型万用表刻度盘，如图 4-1-7 所示。

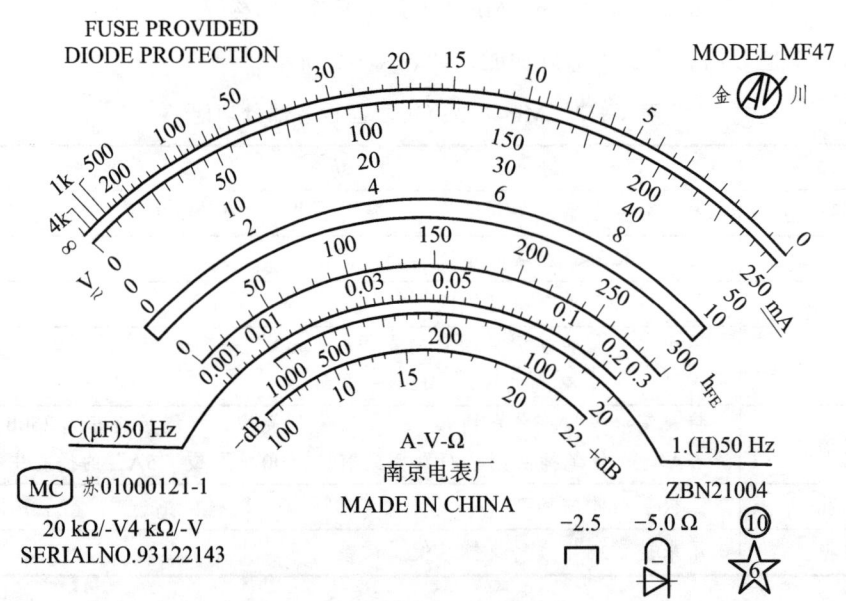

图 4-1-7　MF47 型万用表刻度盘

e. MF47 万用表电路图，如图 4-1-8 所示。

（2）MF500 型。

MF500 型万用表具有 23 档量程。

① MF500 型指针万用表的外形结构，如图 4-1-9 所示。

§项目四 常用检测仪表的功能特点和使用方法§

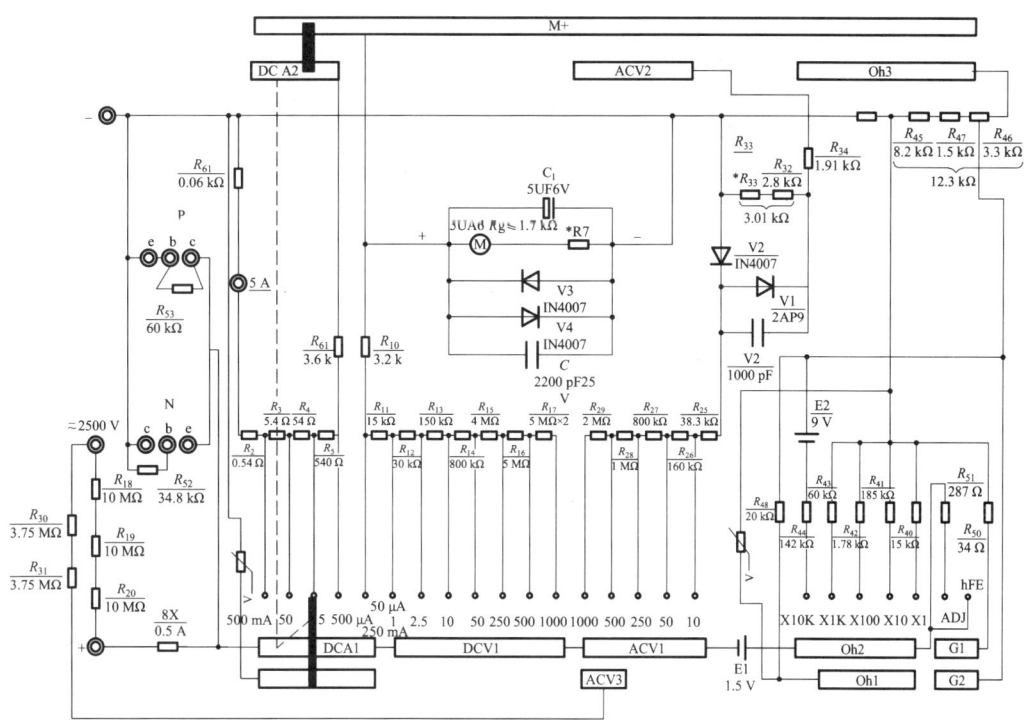

图 4-1-8 MF47 万用表电路图

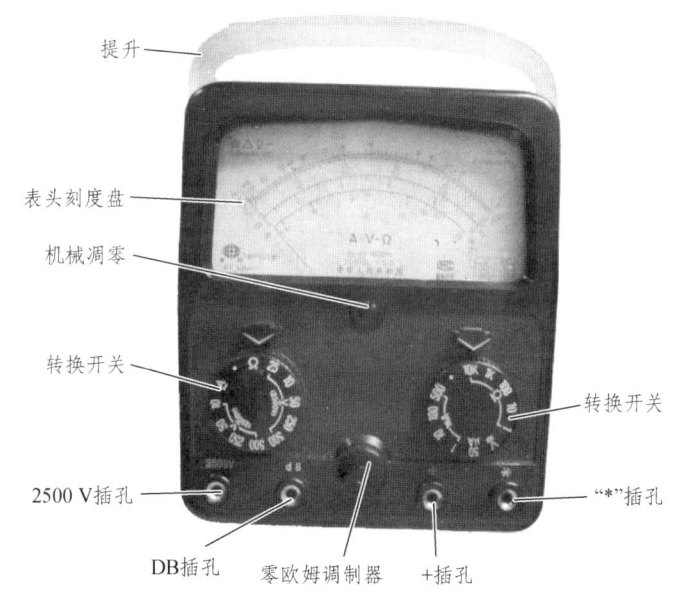

图 4-1-9 MF500 型指针万用表的外形结构

② MF500 型万用表表头刻度盘,如图 4-1-10 所示。

③ MF500 型指针式万用表技术规范,如表 4-1-4 所示。

④ MF500 型万用表的电路图,如图 4-1-11 所示。

图 4-1-10　MF500 型万用表表头刻度盘

表 4-1-4　MF500 型指针式万用表技术规范

| 功能 | 量程 | 灵敏度 | 标度尺 |
| --- | --- | --- | --- |
| 直流电流 | 0～1～10～100～500 mA | | 第二条刻度线 |
| 直流电压 | 0～2.5～10～50～250～500～2500 V | 20 kΩ/V | 第二条刻度线 |
| 交流电压 | 0～10～50～250～500～2500 V | 4 kΩ/V | 第二条刻度线；10 V 档时为第三条刻度线 |
| 电阻 | 中心值：10 Ω、100 Ω、1 kΩ、10 kΩ、100 kΩ<br>倍数：$R×1$、×10、×100、×1 k、×10 k 范围：<br>0～2～20～200 kΩ～2～20 MΩ | | 第一条刻度线 |
| 音频电平 | −10 dB～0～+20 dB | | 第四条刻度线 |

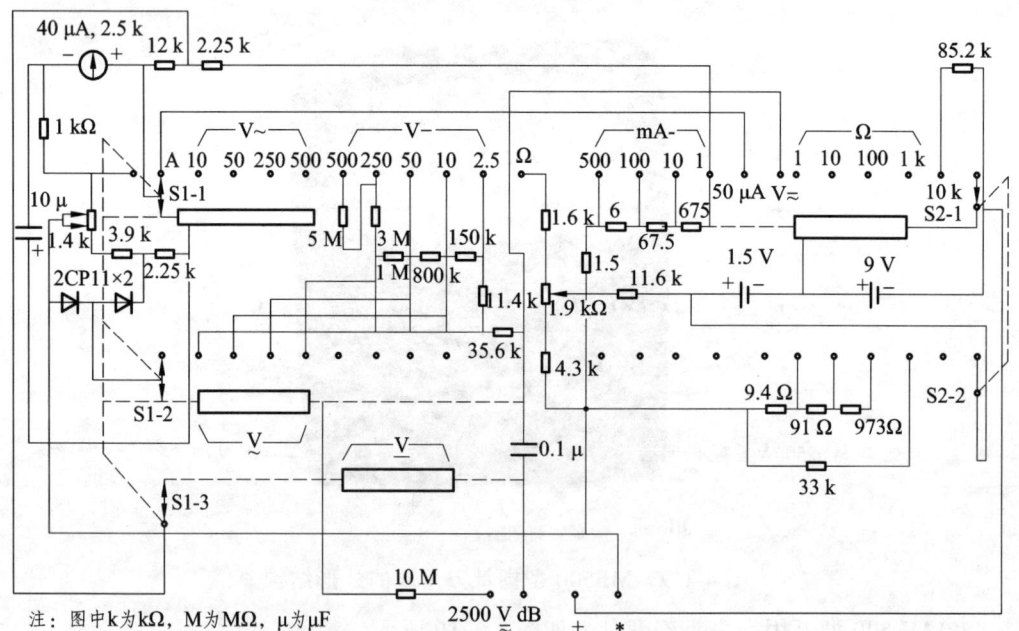

图 4-1-11　MF500 型万用表的电路图

5. 指针式万用表的正确使用

（1）使用前的准备工作及注意事项。

① 使用前的准备工作。

a. 根据表头上"⊥"或"Π""→"符号的要求，将万用表按标度尺位置为垂直或水平位置放置。

b. 检查表针是否停在表盘左端的零位。

c. 正确插接表笔。

d. 检查电池电量。

② 使用中的注意事项。

a. 测量电阻时，元器件或电路不能在带电情况下进行。

b. 在测量交直流电压时，两表笔应并联接入；测直流电压时，红表笔接被测电路的高电位（正极），黑表笔接被测电路的低电位（负极）。

c. 在测量直流电流时，两表笔应串联接入，且红表笔接被测电路的高电位（正极），黑表笔接被测电路的低电位（负极）。

d. 在测量过程中，严禁拨动量程开关。

e. 在测量过程中，严禁手指触碰测试棒的金属部分，以保证安全和测量的准确。

f. 选择适当的量程。

6. 保养

（1）万用表使用完毕后，如果没有空档，应将量程转换开关置于最高交流电压档；如果有空档（"*"或"OFF"），则应拨至该档。

（2）万用表长期不用时，应将表内电池取出，以防电池电解液渗漏而腐蚀内部电路。

## 三、指针式万用表的使用方法

### （一）直流电流的测量

直流电流测试示例如图 4-1-12 所示。

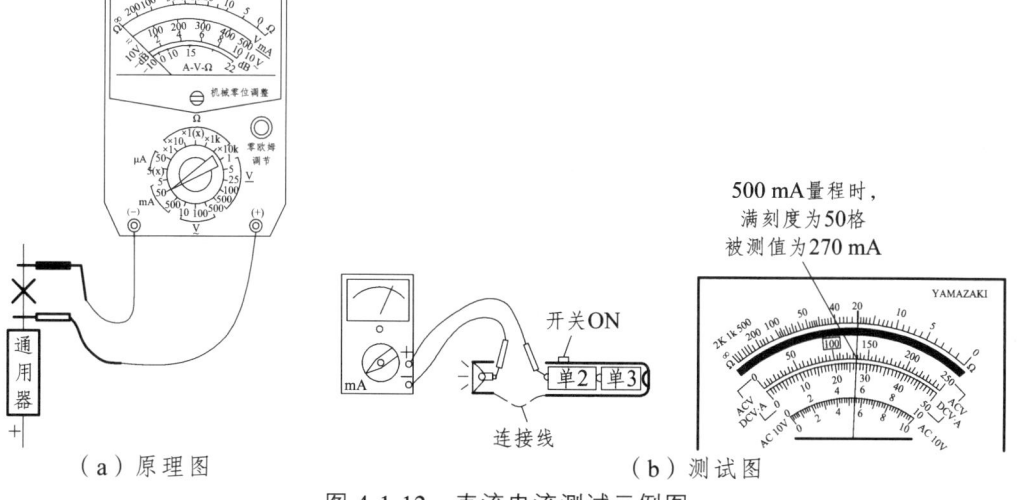

（a）原理图　　　　　　　　（b）测试图

图 4-1-12　直流电流测试示例图

（1）选择量程：量程开关拨电流，档位由大换到小，换好档位再测量。
（2）测量方法：表笔串联接入电路，注意红表笔接正极，黑表笔接负极。
（3）正确读数：根据量程选择读数的刻度盘。

### （二）直流电压的测量

直流电压的测量如图 4-1-13 所示。

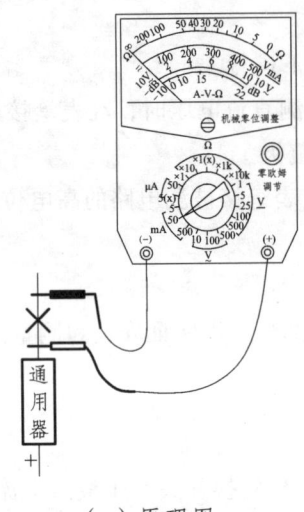

（a）原理图　　　　　　　　　（b）测试图

图 4-1-13　直流电压的测量

（1）选择量程：档位量程先选好，换档之前先断电。
（2）测量方法：表笔并联接入电路，红表笔接高电位，黑表笔接低电位。
（3）正确读数：根据量程进行读数。

### （三）交流电压的测量

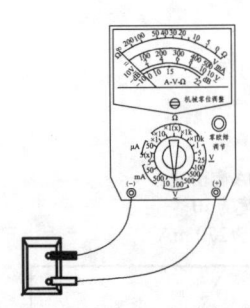 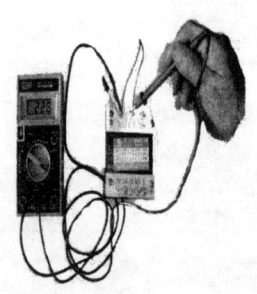 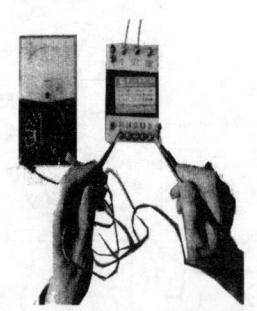

（a）交流插座电压的测试　（b）控制变压器输入电压的测试　（c）控制变压器输出电压的测试

图 4-1-14　交流电压的测量

交流电压的测量与上述直流电压的测量相似，不同之处为：交流电压档标有"AC 或～"通常有 10 V、50 V、250 V、500 V 等不同量程；测量时，不区分红黑表笔，只要并联在被测电路两端即可。如图 4-1-14 所示。

### （四）电阻的测量

（1）选择量程倍率：档位量程先选好，换挡先断电。
（2）欧姆调零：断开电源再测量，手不宜接触电阻，以防并接变精度。
（3）读数：读数勿忘乘倍数。

## 四、数字万用表的使用

### （一）数字万用表简介

种类：按工作原理分，有比较型、积分型、V/T 型、复合型等；按使用方式和外形分，有台式、便携式、袖珍式、笔式和钳式等，其中袖珍式应用较普遍；按量程转换方式分，有自动量程转换和手动量程转换；按用途与功能分，有低档型、中档型和智能型。

### （二）数字万用表的结构外形图（见图 4-1-15）

### （三）数字万用表的使用方法

（1）测量电阻时，红表笔为测试源正端，黑表笔为负端，这一点和指针式万用表恰好相反。
（2）当万用表显示电源电压低时，要及时更换电池，否则所测量电压的数值偏高。

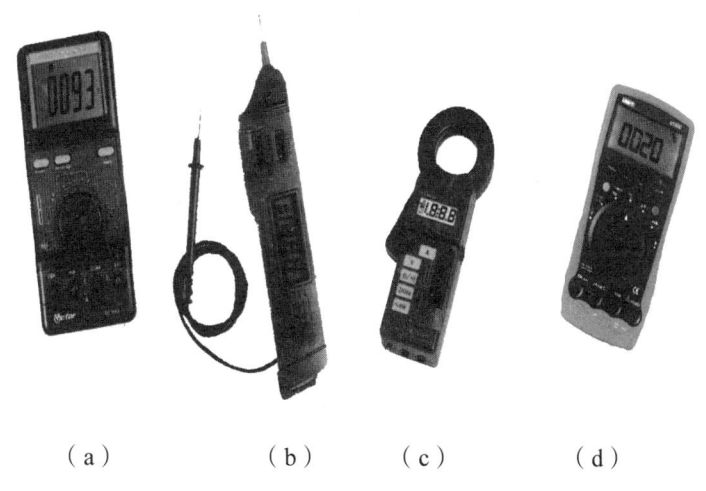

（a） （b） （c） （d）

图 4-1-15 数字万用表结构外形图

（3）测量交直流电压时，在有"交流"干扰的情况下，黑表笔一定要接地。
（4）严禁在测量高电压或大电流的过程中拨动开关，以防电弧烧坏转换开关的触点。
（5）选择电压测量功能时，要求选择准确，防止误接。
（6）用低档测电阻（如用 200Ω 档）时，修正测量结果。

（7）严禁带电测量电阻。

（8）在测量电压、电流时，若屏上的数值为"1"，则表明量程太小，应加大量程后再测；若在数值左边出现"-"，则表明表笔极性与实际电源极性相反，此时红表笔接的是负极。

## （四）DT9205A 型数字万用表面板图

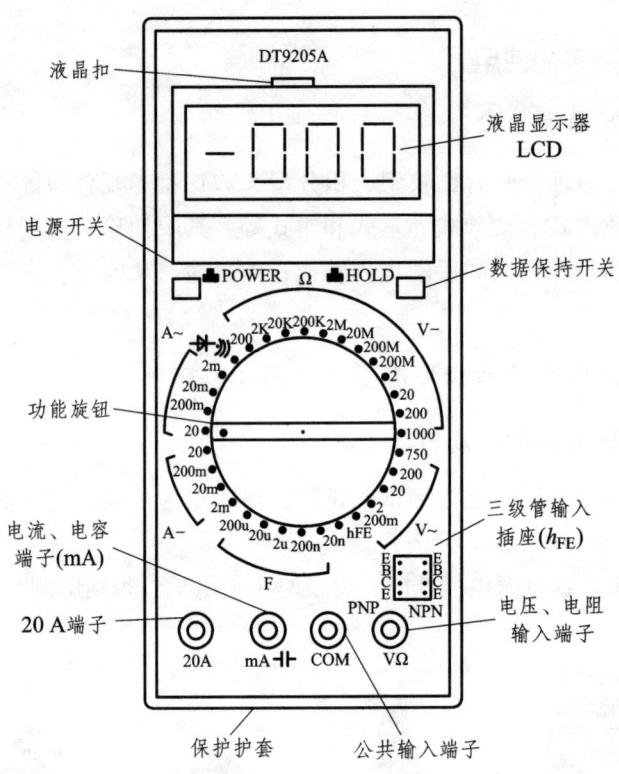

图 4-1-16　DT9205A 型数字万用表面板图

## 【任务实施】

一、训练器材

指针式万用表、数字万用表、电阻、二极管、电容、干电池、变压器、导线若干。

二、训练内容

（1）用万用表测量交、直流电压。

（2）用万用表测量交、直流电流。

三、训练方法

教师巡回指导，学生练习。

§项目四 常用检测仪表的功能特点和使用方法§

## 【任务评价】

考核标准为百分制,每部分考核标准分数如表4-1-5所示:

表4-1-5 考核标准

班级:　　　姓名:　　　组别:　　　学号:　　　得分:

| 评价指标 | 主要观测点 | 自评（20%） | 互评（20%） | 师评（60%） | 小计 |
|---|---|---|---|---|---|
| 学习态度（20分） | 1. 学习前必须认真预习学习内容,明确学习目的（4分）,没有预习（0分） | | | | |
| | 2. 进入教室后,在教室内严禁高声喧哗和闲聊（4分）,违规一次扣（0.5分） | | | | |
| | 3. 进入教室后,服从指导教师的任务安排,配合默契（4分）；不服从指导老师的任务安排,配合不默契扣（2分） | | | | |
| | 4. 严禁携带食物和饮料进入教室（4分）,违规一次扣（0.5分） | | | | |
| | 5. 爱护教室的一切设施,不得乱涂、乱写、乱刻（4分）,违规一次扣（1分） | | | | |
| 学习过程（30分） | 1. 主动参与分工协作（10分）<br>2. 经劝说积极参与分工协作（8分）<br>3. 经劝说仍消极参与分工协作（4分） | | | | |
| | 1. 能够认真完成实训任务（10分）<br>2. 能够完成任务（7分）<br>3. 能基本完成任务（3分） | | | | |
| 学习效果（50分）（作品） | 1. 理论知识和实训任务能贯通（15分） | | | | |
| | 2. 理论知识和实际应用相联系（15分） | | | | |
| | 3. 实际操作能与实际应用相连接（20分） | | | | |
| 总　计 | | | | | |

## 【拓展练习】

（1）练习使用指针式万用表测量交、直流电压和电流。
（2）练习使用数字式万用表测量交、直流电压和电流。

# 任务二　示波器的使用

## 【教学目标】

一、知识目标

（1）了解示波器的主要用途。

（2）掌握示波器面板按钮调节方法。

（3）掌握示波器测量各种波形的方法。

二、能力目标

（1）熟练使用示波器测量交流电压、电流波形。

（2）熟练使用示波器测量电子产品中各点电压波形。

（3）了解示波器的维修方法。

三、素养目标

（1）通过本课程学习，培养学生用客观的眼光看问题，培养学生严谨认真的工作态度，培养细心做事习惯。

（2）工作踏实、诚实守信、善于沟通合作，服从组织领导。

（3）具有较强的专业基础知识和专业技能，能在工作实践中不断提高专业技术水平，能及时捕捉本专业新技术、新知识，了解该领域发展动态和方向。

【教学场景】

多媒体教室、电子实训室。

【任务描述】

本任务学习的主要内容是示波器认识和正确使用。

【相关知识】

一、示波器简介

（一）示波器的特点

示波器可把人眼看不见、摸不着的电信号，以光的形式直接显示出来，如图4-2-1所示。

（二）示波器的主要用途

示波器用于测试各种电量，如测量交、直流电压，周期性信号的周期或频率，脉冲波的脉冲宽度，上升和下降时间，同一信号中任意两点的时间间隔，同频率两信号之间的相位差等。如配备各种传感器，将非电量转化为电量，还能观察如温度、压力、转速、距离、光、热等随时间的变化过程。

（三）示波器的分类

示波器的种类很多，有通用示波器（单踪示波器和双踪示波器）、多线示波器、取样示波器、记忆存储示波器、专用示波器和智能示波器等几大类；按内电路的工作原理，一般分为模拟示波器和数字示波器。

§项目四 常用检测仪表的功能特点和使用方法§

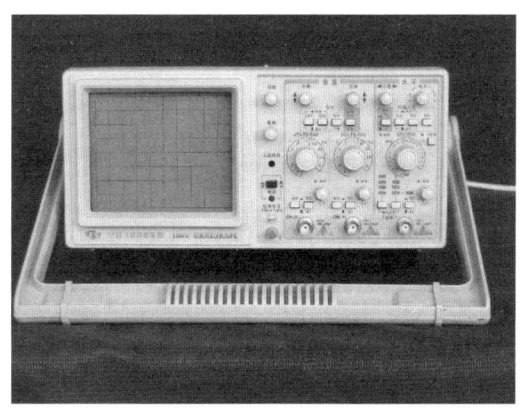

图 4-2-1 示波器

示波器的型号很多,但是使用方法大同小异,下面以 YB4328 双踪示波器为例,说明示波器的使用方法。

## 二、示波器的面板

示波器面板如表 4-2-1 所示。

表 4-2-1 示波器的面板

| 1. 示波器的面板分为电源部分、垂直系统部分、水平系统部分、触发系统部分和其他部分 | 2. B4328 示波器的显示屏,横坐标分为 10 格,纵坐标分为 8 格 |
|---|---|
| 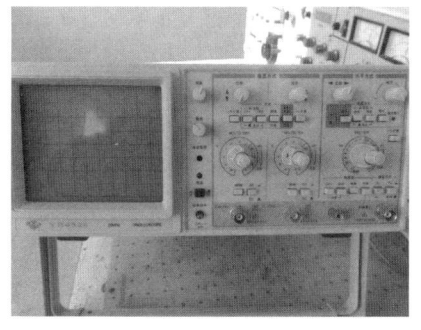 |  |
| 3. YB4328 示波器的电源部分 | 4. YB4328 示波器的垂直系统部分 |
| 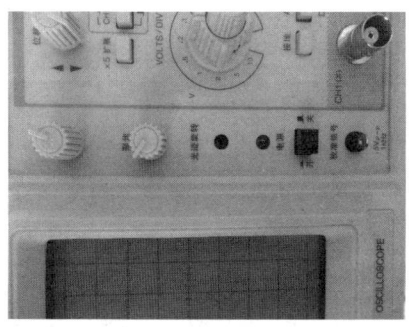 | 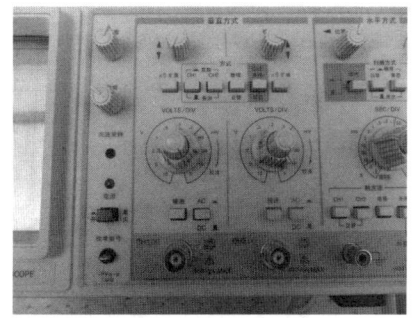 |

| 5. YB4328示波器垂直系统部分的工作方式开关 | 6. YB4328示波器的水平系统部分 |
|---|---|
|  |  |
| 7. YB4328示波器的触发系统部分 | 8. YB4328示波器的输入插孔 |
| 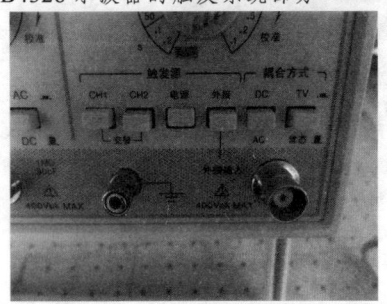 |  |

### 三、双踪示波器的测量步骤

测量步骤如表 4-2-2 所示。

表 4-2-2 双踪示波器的测量步骤

| 1. 通电前，将灰度、聚焦电位器和扫描速度及衰减电位器调至最左端 | 2. 打开电源开关通电预热 3~5 分钟 |
|---|---|
|  | 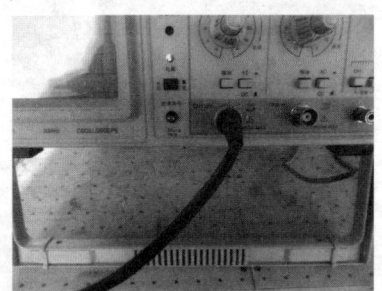 |
| 3. 慢慢将灰度旋钮顺时针调至荧光屏上亮点可见，缓慢调节聚焦旋钮，使亮点圆而细。调节扫描速度旋钮，使亮点变成一条水平亮线。如果出现偏斜，就用小一字螺丝刀轻轻调节扫描水平线校正微调电位器，使之水平 | 4. 在示波器的CH1或CH2端口连上示波器探头，将探头挂在校正信号输出端（CAL），适当调节扫描速度和衰减旋钮，使屏幕上出现清晰可见的方波 |
| 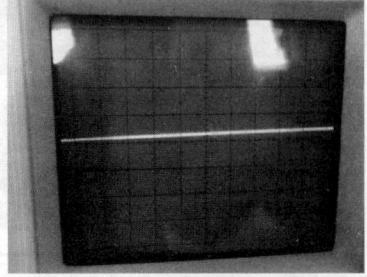 | 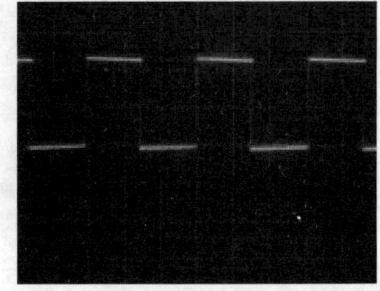 |

## 四、直流电压的测量

直流电压的测量如表 4-2-3 所示。

表 4-2-3　直流电压的测量

| 1. 将待测信号送至 CH1 或 CH2 输入端  | 2. 将输入耦合开关置于"DC"位置，显示方式置于"自动" 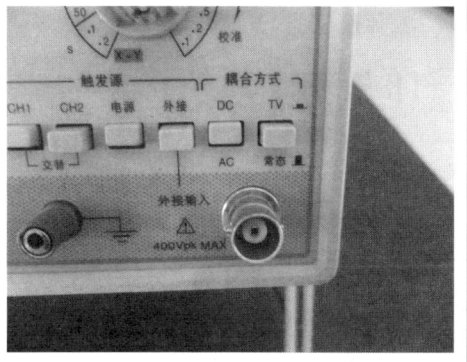 |
|---|---|
| 3. 旋转"扫描速度"开关和辉度旋钮，使显示屏上显示一条亮度适中的时基线 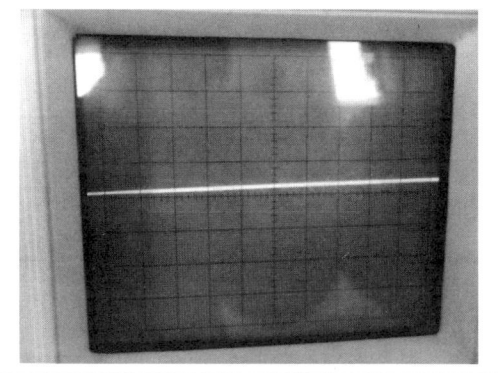 | 4. 调节示波器的垂直位移旋钮，使得时基线于一水平刻度线重合，此线的位置作为零电平参考基准线 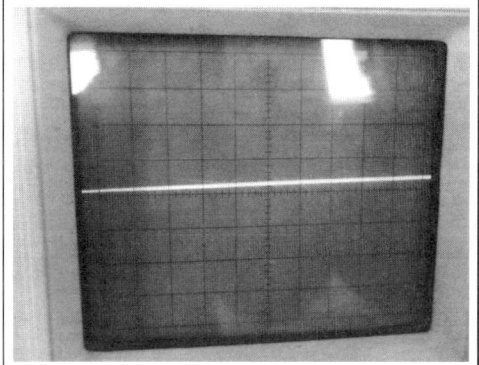 |
| 5. 垂直微调旋钮置于"CAL"此时就可在显示屏上按刻度进行读数。 | |

注意事项：

（1）示波器是检测信号波形的专用仪表，放大器集成电路的性能需要在正常工作条件下才能检测出来。

（2）流行的示波器有两类，即模拟示波器和数字示波器，它们的主要功能都相同，而数字示波器则增加了波形信息的存储和记忆功能，并可以捕捉瞬时信号波形。

## 【任务实施】

一、训练器材

YB4328 双踪示波器

## 二、训练内容

（1）识别 YB4328 型双踪示波器面板按钮功能。

（2）用示波器测量电压。

（3）用示波器测量周期。

## 三、训练方法

教师巡回指导，学生练习。

## 【任务评价】

考核标准为百分制，每部分考核标准分数如表 4-2-4 所示：

表 4-2-4　考核标准

班级：　　　姓名：　　　组别：　　　学号：　　　得分：

| 评价指标 | 主要观测点 | 自评（20%） | 互评（20%） | 师评（60%） | 小计 |
|---|---|---|---|---|---|
| 学习态度（20分） | 1. 学习前必须认真预习学习内容，明确学习目的（4分），没有预习（0分） | | | | |
| | 2. 进入教室后，在教室内严禁高声喧哗和闲聊（4分），违规一次扣（0.5分） | | | | |
| | 3. 进入教室后，服从指导教师的任务安排，配合默契（4分）；不服从指导老师的任务安排，配合不默契扣（2分） | | | | |
| | 4. 严禁携带食物和饮料进入教室（4分），违规一次扣（0.5分） | | | | |
| | 5. 爱护教室的一切设施，不得乱涂、乱写、乱刻（4分），违规一次扣（1分） | | | | |
| 学习过程（30分） | 1. 主动参与分工协作（10分）<br>2. 经劝说积极参与分工协作（8分）<br>3. 经劝说仍消极参与分工协作（4分）<br>4. 经劝说仍拒绝参与分工协作（0分） | | | | |
| | 1. 跨组积极表达正确观点，具有快速理解沟通的能力（10分）<br>2. 组内积极表达正确观点，具有快速理解沟通的能力（8分）<br>3. 不表达任何观点（0分） | | | | |
| | 1. 能够认真完成实训任务（10分）<br>2. 能够完成任务（7分）<br>3. 能基本完成任务（3分） | | | | |
| 学习效果（50分）（作品） | 1. 掌握万用表的结构原理（15分） | | | | |
| | 2. 会用万用表测量电阻、电压、电流等项目（15分） | | | | |
| | 3. 实际操作能与实际应用相连接（20分） | | | | |
| 总　计 | | | | | |

## 【拓展练习】

（1）示波器的熟练使用。

（2）上网搜索不同型号的示波器使用方法。

# 任务三　晶体管特性图示仪的使用

## 【教学目标】

### 一、知识目标

（1）了解晶体管图示仪的主要用途。

（2）了解晶体管图示仪面板按钮调节方法。

（3）掌握晶体管图示仪检测三极管的方法。

### 二、能力目标

（1）熟练使用晶体管图示仪使用方法。

（2）掌握晶体管图示仪观察三极管输入输出特性曲线的方法。

### 三、素养目标

（1）通过本课程学习，培养学生用客观的眼光看问题，培养学生严谨认真的工作态度，培养细心做事习惯。

（2）能吃苦耐劳，有安全责任心。

（3）工作踏实、诚实守信、善于沟通合作，服从组织领导。

## 【教学场景】

多媒体教室、电子实训室。

## 【任务描述】

本任务学习的主要内容是晶体管图示仪的认识和正确使用。

## 【相关知识】

### 一、晶体管特性图示仪简介

晶体管特性图示仪是测试晶体管特性和参数的仪器，它利用示波器的显示功能将晶体管的特性曲线以及参数显示出来。这种仪器在电路的设计、调整和修理过程中常用来检查晶体管的性能。

#### （一）了解和掌握半导体器件特性曲线的重要性

1. 晶体二极管的伏安特性

晶体二极管的伏安特性如图 4-3-1 所示。

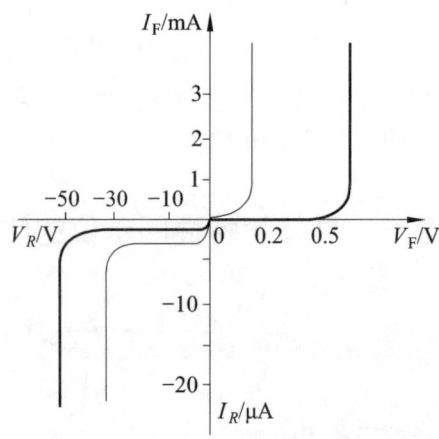

图 4-3-1　二极管伏安特性曲线

2. 晶体三极管伏安特性

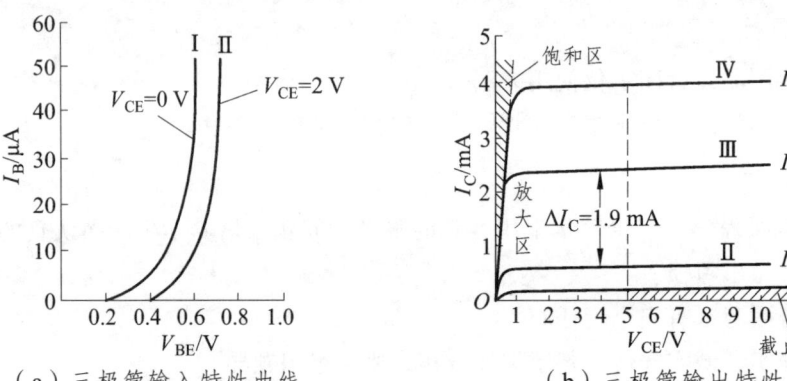

（a）三极管输入特性曲线　　　　　　（b）三极管输出特性曲线

图 4-3-2　晶体三极管伏安特性

## （二）晶体管特性图示仪简介

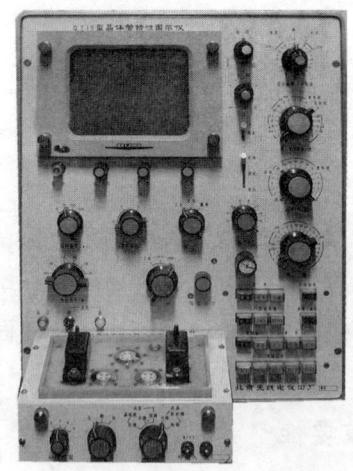 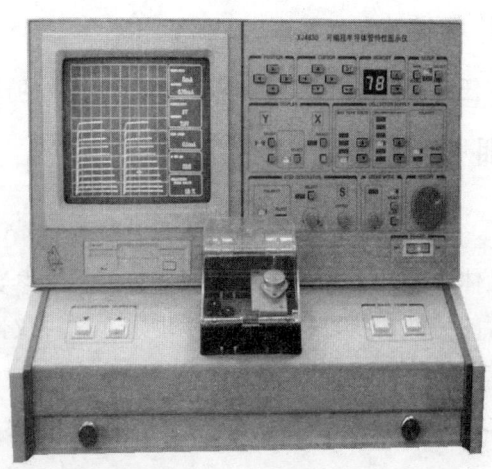

图 4-3-3　晶体管特性图示仪

（1）晶体管特性图示仪作用：是一种能够直接在示波管上显示各种晶体管特性曲线的

专用测试仪器,通过屏幕上的标度尺刻度可直接读出晶体管的各项参数,如图 4-3-3 所示。

(2)晶体管特性图示仪主要用来测量:二极管的伏安特性曲线;三极管的输入特性、输出特性和电流放大特性;各种反向饱和电流、各种击穿电压;场效应管的漏极特性、转移特性、夹断电压和跨导等参数。同时,该仪器上备有两个插座,可接入两只晶体管,通过开关的转换,能迅速比较两只晶体管的同类特性,便于筛选元器件。

### (三)XJ4810 型晶体管特性图示仪

1. 仪器面板结构及各部件名称和作用

XJ4810 型晶体管特性图示仪面板结构如图 4-3-4 所示。

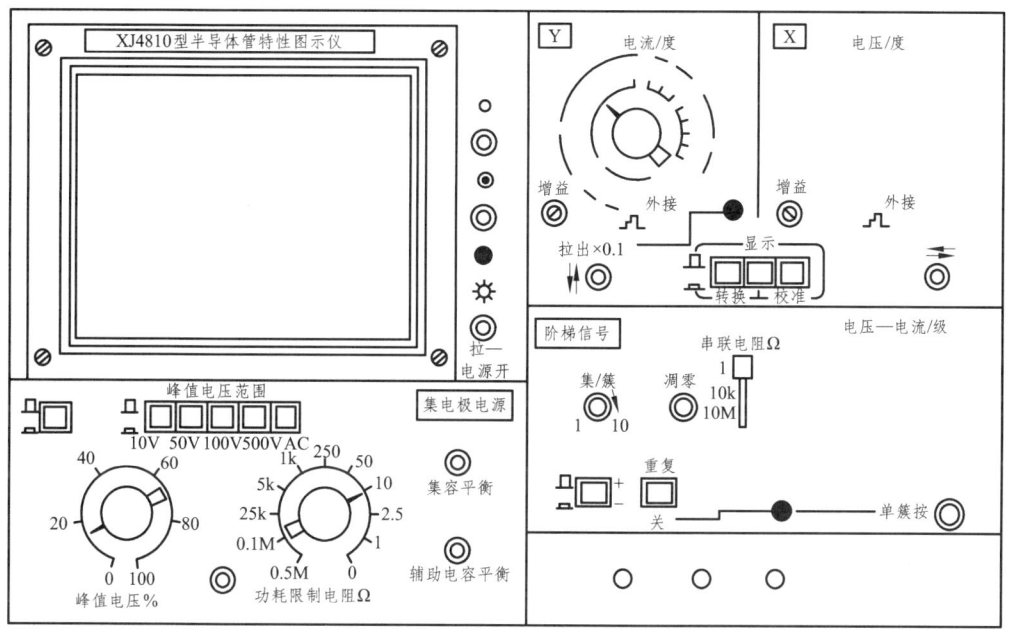

(a)

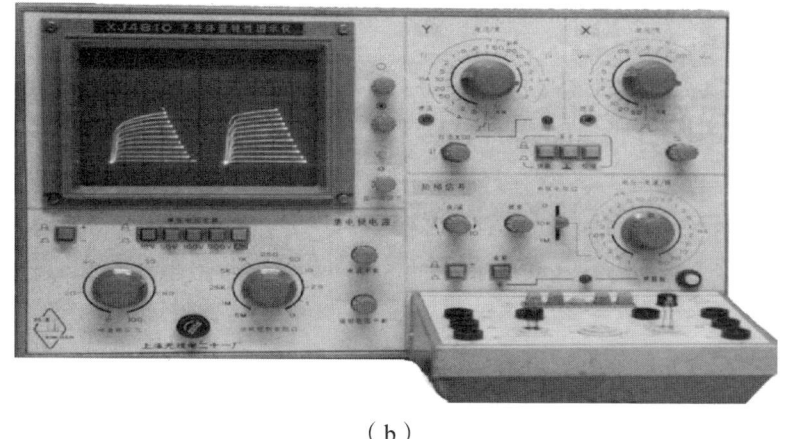

(b)

图 4-3-4　XJ4810 型晶体管特性图示仪面板结构

（1）示波管和控制部分。

①电源开关及辉度调节。旋钮拉出，接通仪器电源，旋转旋钮可改变示波管光点亮度。

②电源指示灯。接通电源时灯亮。

③聚焦旋钮。调节该旋钮可使光点清晰。

④辅助聚焦旋钮。与聚焦旋钮配合使用，使光点清晰。

（2）集电极电源。

①峰值电压范围。分 0～10 V/5 A、0～50 V/1 A、0～100 V/0.5 A、0～500 V/0.1 A 四档。

②集电极电源极性按钮，可转换集电极电压正负极性。

③功耗限制电阻，可作为被测半导体管集电极的负载电阻。

④电容平衡。

⑤辅助电容平衡。

（3）Y 轴部分。

①垂直位移及电流/度倍率开关。调节扫描线在垂直方向的位移。旋钮拉出时放大器的增益扩大 10 倍，电流/度各档的 IC 标称值×0.1，同时指示灯亮。

②Y 轴增益。校正 Y 轴增益用。

③Y 轴选择（电流/度）开关。具有 22 档四种偏转作用的开关。可以进行集电极电流、基极电压、基极电流和外接的不同转换。

④电流/度×0.1 倍率指示灯。灯亮仪器表示进入电流/度×0.1 倍工作状态。

（4）X 轴部分。

①X 轴选择（电压/度）开关。可以进行集电极电压、基极电流、基极电压和外接四种功能的转换转换，共 17 档。

②X 轴位移。调节扫描线在水平方向的位移。

③X 轴增益。校正 X 轴增益用。

（5）显示开关。

分转换、接地、校准三档，其作用是：

①转换：使图像在Ⅰ、Ⅲ象限内相互转换，便于 NPN 管转测 PNP 管时简化测试操作。

②接地：放大器输入接地，表示输入为零的基准点。

③校准：按下校准键，光点在 X、Y 轴方向移动的距离刚好为 10 度，以达到 10 度校正目的。

（6）阶梯信号。

①级/簇调节旋钮。可在 0～10 的范围内连续调节阶梯信号的级数。

②调零旋钮。未测试前，应先调整阶梯信号起始级，零电平的位置。

③串联电阻开关。

④阶梯信号（电压—电流/级）选择开关。可以调节每级的电流大小，流入被测管的基极，作为测试各种特性曲线的基极信号源，共22档。

⑤阶梯信号待触发指示灯。重复按键按下时灯亮，阶梯信号已进入待触发状态。

⑥单簇按键开关。

⑦重复—关按键。弹出为重复，阶梯信号重复出现，作正常测试。按下为关，阶梯信号处于待触发状态。

⑧极性按键。极性的选择取决于被测晶体管的特性。

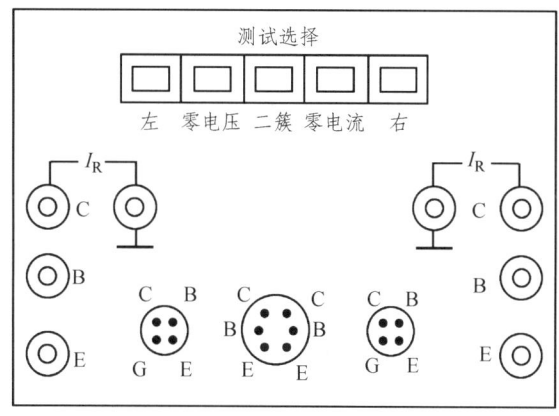

图 4-3-5　测试台面板结构图

（1）测试选择安键。可以在测试时任选左右两个被测管特性，当置"簇"时，通过电子开关自动地交替显示左右二簇特性曲线。使用时"级/簇"应置于适当位置，以利于观察。二簇特性曲线比较时，请勿误用单簇按键。零电压、零电流。被测管未测之前，应先调整阶梯信号的起始级在零电平的位置。按下"零电流"键时，被测半导体管的基极处于开路状态，就能测量 ICEO 特性。

（2）左右测试插座插孔：插上专用插座，可测试 F1.F2 型管座的功率晶体管。

（3）左右晶体管测试插座。

（4）晶体管测试插座。

（5）二极管反向漏电流专用插孔（接地端）。

图示仪右侧板上结构示意图

（1）二簇位移旋钮：在二簇显示时，可改变右簇曲线的位移，方便对晶体管各种参数的比较。

（2）Y 轴选择开关置于外接时，Y 轴信号由此输入。

（3）X 轴选择开关置于外接时，X 轴信号由此输入。

（4）1 V、0.5 V 校准信号由此输出。

### （四）测试前注意事项

（1）要对被测管的主要直流参数有一个大概的了解和估计，特别要了解被测管的集电极最大允许耗散功率 $P_{CM}$、最大允许电流 $I_{CM}$ 和击穿电压 $BU_{CEO}$、$BU_{CBO}$、$BU_{EBO}$。

（2）选择好扫描和阶梯信号的极性，以适应不同管型和测试项目的需要。

（3）根据所测参数或被测管允许的集电极电压，选择合适的扫描电压范围。

（4）对被测管进行必要的估算。

（5）在进行 ICM 的测试时，一般采用单簇为宜，以免损坏被测管。

（6）在进行 IC 或 ICM 的测试中，应根据集电极电压的实际情况，不应超过仪器规定的最大电流。

## （五）基本操作

（1）按下电源开关，指示灯亮，预热 15 min 后才开始进行测试。

（2）调节辉度、聚焦及辅助聚焦，使光点清晰。

（3）将峰值电压旋钮调至零，峰值电压范围、极性、功耗电阻等开关置于测试所需位置。

（4）对 X、Y 轴放大器进行 10 度校准。方法为：先将光点移到屏幕左下角，然后按下显示开关的校准按键，此时光点应同时向上和向右移动十格到达屏幕的右上角。

（5）调节阶梯调零。

（6）选择需要的基极阶梯信号，将极性、串联电阻置于合适档位，调节级/簇旋钮，使阶梯信号为 10 级/簇，阶梯信号按钮置于重复位置。

（7）插上被测晶体管，缓慢地增大峰值电压，荧光屏上就显示出待测曲线。

（8）晶体三极管 $h_{FE}$ 和 $\beta$ 的测量（采用 3 DG6NPN 型晶体管）。将光点移到荧光屏的左下角作为坐标零点，仪器的有关旋钮置于以下位置。

① 峰值电压范围：0~10 V；

② 极性：+；

③ 功耗电阻：250 Ω；

④ X 轴集电极电压：1 V/度；

⑤ Y 轴集电极电流：1 mA/度；

⑥ 阶梯信号：重复；

⑦ 阶梯极性：+；

⑧ 阶梯选择：10 μA/度。

逐渐加大峰值电压直到在显示屏上看到一簇特性曲线，如图 4-3-6 所示。读出 X 轴集电极电压 $U_{CE}$=5 V 时最上面的一条曲线的（每条曲线为 10 μA，最下面一条 $I_B$=0 不计在 $\beta = \dfrac{\Delta I_C}{\Delta I_B} = \dfrac{8}{0.1} = 80$ 内）$I_B$ 值和 $I_C$ 值。则：若把"X 轴选择开关：放在基极电流位置，就可得到下图所示的电流放大特性曲线。即：

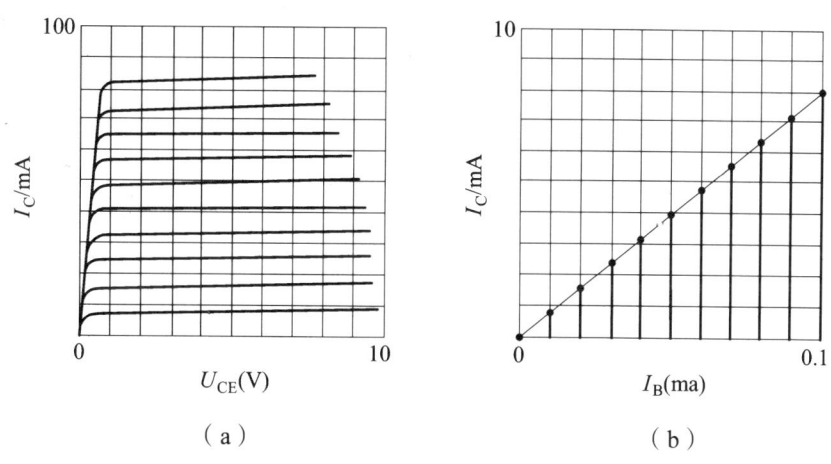

图 4-3-6 电流放大特性曲线

（9）晶体管击穿电压的测试（采用 3DG6）。

3DG6 晶体管击穿电压测试时仪器部件的位置如表 4-3-1 所示。

表 4-3-1  3DG6 晶体管击穿电压测试时仪器部件的位置

| 位置  项目  部件 | BUCBO | BUCEO |
| --- | --- | --- |
| 峰值电压范围 | 0～500 V | 0～100 V |
| 极性 | + | + |
| X 轴集电极电压 | 20 V／度 | 10 V／度 |
| Y 轴集电极电流 | 20 μA／度 | 20 μA／度 |
| 级/簇 | 置于 1 | 置于 1 |
| 阶梯选择 | 0.1 mA | 0.1 mA |
| 功耗限制电阻 | 1～5 kΩ | 1～5 kΩ |

被测管接线图如图 4-3-7 所示。

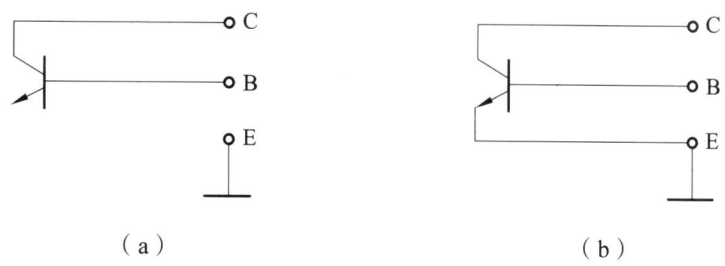

（a） （b）

图 4-3-7 被测管接线图

反向击穿电压曲线图（NPN）如图 4-3-8 所示。

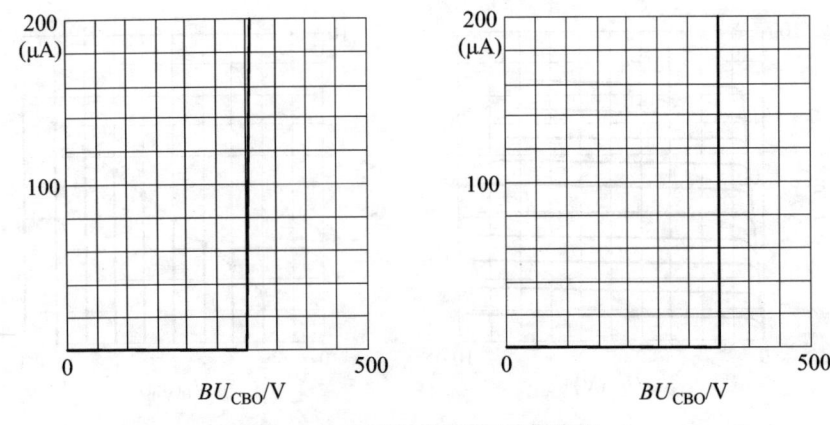

图 4-3-8　反向击穿电压曲线图

(10) 场效应管的测试。

3DJ6F 场效应管测试时仪器部件的位置如表 4-3-2 所示。

表 4-3-2　3DJ6F 场效应管测试时仪器部件的位置

| 部件 | 输出特性 | 转移特性 |
| --- | --- | --- |
| 峰值电压范围 | 0~10 V | 0~10 V |
| 极性 | + | + |
| 功耗限止电阻 | 1 kΩ | 1 kΩ |
| X 轴集电极电压 | 1 V/度（实为 UDS 值） | 基极源电压 |
| Y 轴集电极电流 | 0.2 mA/度（实为 ID 值） | 0.1 mA/度（实为 ID 值） |
| 重复 - 关开关 | 重复 | 重复 |
| 极性 | − | − |
| 阶梯信号选择开关 | 0.2 V/级 | 0.2 V/级 |

3DJ6F 的输出特性曲线如图 4-3-9 所示。

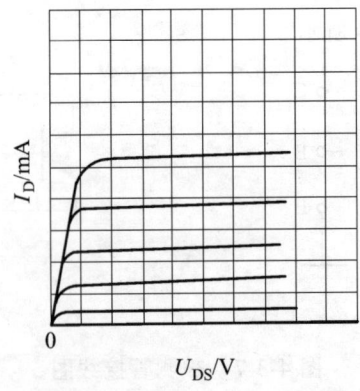

图 4-3-9　3DJ6F 的输出特性曲线

(11) 二极管的测试（采用 2CZ82）。

测试二极管 2CZ82 时仪器部件的位置如表 4-3-3 所示。

表 4-3-3  测试二极管 2CZ82 时仪器部件的位置

| 部件 | 正向特性位置 | 反向特性位置 |
| --- | --- | --- |
| 峰值电压范围 | 0~10 V | 0~500 V |
| 集电极电源极性 | + | - |
| 功耗限制电阻 | 250 Ω | 25 kΩ |
| Y"电流/度" | 10 mA/度 | 10 μA/度 |
| X"电压/度" | 0.1 V/度 | 20 V/度 |
| 阶梯"重复-关" | 关 | 关 |

二极管伏安特性曲线如图 4-3-10 所示。

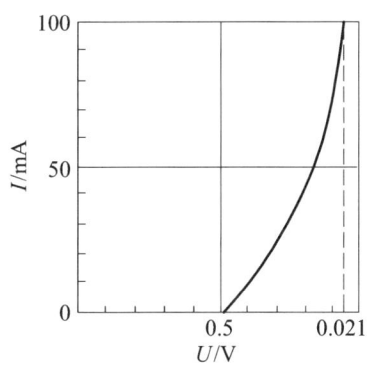 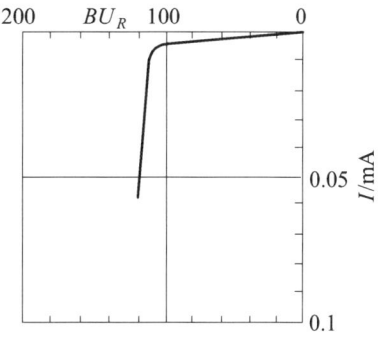

图 4-3-10  二极管伏安特性曲线

## 【任务实施】

一、训练器材

XJ4810 型晶体管特性图示仪。

二、训练内容

（1）晶体管特性图示仪测试三极管基本方法。

（2）各曲线的描绘和数据的记录。

三、训练方法

教师巡回指导，学生练习。

## 【任务评价】

考核标准为百分制，每部分考核标准分数如表 4-3-4 所示：

表 4-3-4 考核标准

班级：　　　姓名：　　　组别：　　　学号：　　　得分：

| 评价指标 | 主要观测点 | 自评（20%） | 互评（20%） | 师评（60%） | 小计 |
|---|---|---|---|---|---|
| 学习态度（20分） | 1. 学习前必须认真预习学习内容，明确学习目的（4分），没有预习（0分） | | | | |
| | 2. 进入教室后，在教室内严禁高声喧哗和闲聊（4分），违规一次扣（0.5分） | | | | |
| | 3. 进入教室后，服从指导教师的任务安排，配合默契（4分）；不服从指导老师的任务安排，配合不默契扣（2分） | | | | |
| | 4. 严禁携带食物和饮料进入教室（4分），违规一次扣（0.5分） | | | | |
| | 5. 爱护教室的一切设施，不得乱涂、乱写、乱刻（4分），违规一次扣（1分） | | | | |
| 学习过程（30分） | 1. 主动参与分工协作（10分）<br>2. 经劝说积极参与分工协作（8分）<br>3. 经劝说仍消极参与分工协作（4分）<br>4. 经劝说仍拒绝参与分工协作（0分） | | | | |
| | 1. 跨组积极表达正确观点，具有快速理解沟通的能力（10分）<br>2. 组内积极表达正确观点，具有快速理解沟通的能力（8分）<br>3. 不表达任何观点（0分） | | | | |
| | 1. 能够认真完成实训任务（10分）<br>2. 能够完成任务（7分）<br>3. 能基本完成任务（3分） | | | | |
| 学习效果（50分）（作品） | 1. 理论知识和实训任务能贯通（15分） | | | | |
| | 2. 理论知识和实际应用相联系（15分） | | | | |
| | 3. 实际操作能与实际应用相连接（20分） | | | | |
| 总　　计 | | | | | |

【拓展练习】

（1）晶体管特性图示仪的熟练使用。

（2）上网搜索不同型号的晶体管特性图示仪，了解其使用方法。

# 任务四　信号发生器的使用

## 【教学目标】

### 一、知识目标

（1）了解信号发生器的主要用途。

（2）掌握信号发生器的使用方法。

（3）掌握信号发生器的维修方法。

### 二、能力目标

（1）熟练掌握信号发生器的使用方法。

（2）掌握信号发生器的使用方法。

（3）掌握信号发生器的维修方法。

### 三、素养目标

（1）有能吃苦耐劳，有安全的责任心。

（2）工作踏实、诚实守信、善于沟通合作，服从组织领导。

（3）具有较强的专业基础知识和专业技能，能在工作实践中不断提高专业技术水平，能及时捕捉本专业新技术、新知识，了解该领域发展动态和方向。

## 【教学场景】

多媒体教室、电子实训室。

## 【任务描述】

本任务学习的主要内容是信号发生器认识和正确使用。

## 【相关知识】

### 一、信号发生器简介

（1）信号发生器是产生各种信号的设备。具体的讲，凡能产生符合一定技术特性的测试的信号源，统称为信号发生器。

（2）信号发生器的主要作用是产生各种信号，作为信号源，是提供具有特定频率或频谱和合适幅度的测量信号，用以激励被测电路。

（3）信号发生器的种类繁多，常按频段、用途、调制形式、频率产生方式以及按输出信号波形来分类。

① 按频段分类。

超低频（0.001～1000 Hz）信号发生器；低频（1 Hz～1 MHz）信号发生器；视频

（20 Hz~10 MHz）信号发生器；高频（0.1~30 MHz）信号发生器；甚高频（30~300 MHz）信号发生器；超高频（300~1000 MHz）信号发生器；微波（1 GHz 以上）信号发生器。

② 按输出波形分类。

a. 正弦信号发生器。

b. 函数发生器。

c. 脉冲信号发生器。

d. 其他类型的信号发生器。

## 二、低频信号发生器

### （一）XD2 型低频信号发生器面板结构

XD2 型低频信号发生器面板结构如图 4-4-1 所示。

图 4-4-1　XD2 型低频信号发生器面板结构

各控制旋钮的主要作用如下：

1. 频率范围旋钮

调节、选择输出信号的频率范围。共分六个频段，"1"档 1~10 Hz；"2"档 10~100 Hz；"3"档 100 HZ~1 kHz；"4"档 1~10 kHz；"5"档 10~100 kHz；"6"档 100 kHz~1 MHz。

2. 频率调节旋钮

频率调节旋钮共有三个：×1，×0.1，×0.01，配合频率范围旋钮，在已选定的频率范围内实现连续调节输出信号的频率。

3. 输出细调旋钮

调节该旋钮，可得到所需的电压值，输出电压范围 1 mV-5 V，由面板电压表直接指示出电压的数值。

4. 输出衰减旋钮

若需要输出 200 mV 以下的小信号时，可调节该旋钮对信号进行适当衰减。

（二）XD2 型低频信号发生器的使用方法

（1）开机前，应将"电压调节"旋钮调至最小，输出信号用电缆从"电压输出"旋钮引出。

（2）打开电源开关，将"频率范围"旋钮置于所需档位，调节"频率调节"旋钮至所需输出频率。

（3）按所需信号电压的大小，调节"输出细调"旋钮，电压表即可指示出输出电压。

三、高频信号发生器

高频信号发生器产生从几十千赫到几十兆赫频率范围内的正弦振荡信号。

（一）J2463 型高频信号发生器主要技术指标

J2463 型高频信号发生器如图 4-4-2 所示。

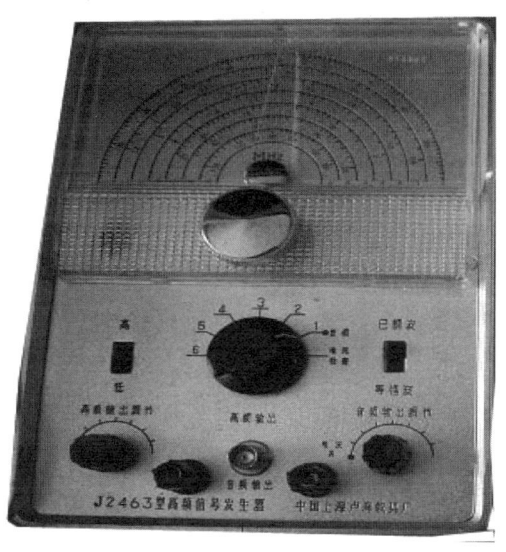

图 4-4-2　J2463 型高频信号发生器

主要技术指标有：

（1）频率范围：0.4 MHz ~ 130 MHz，分六个频段。

第一频段：0.4 ~ 1.2 MHz；

第二频段：1.2 ~ 3 MHz；

第三频段：3 ~ 8.5 MHz；

第四频段：8.5 ~ 25 MHz；

第五频段：25 ~ 55 MHz；

第六频段：55 ~ 130 MHz；

（2）高频频率刻度误差：≤±2%；

（3）高频输出幅度：1～5 频段≥100 mV，6 频段≥20 mV；

（4）高频输出分类：等幅及 1 kHz 调幅两种；

（5）高频输出衰减：分 0、20 dB 两档；

（6）音频输出：频率 1000 Hz±10%，输出幅度≥200 mV；

（7）电源：直流 6 V（2 号干电池四节）；

（8）机箱尺寸：215×150×110(mm)$^3$；

（9）重量：≤2 kg；

（10）附件：高频电缆一根，音频输送线一根。

### （二）J2463 型高频信号发生器的使用方法

1. 使用准备工作

（1）检查电源电压是否在 220 V（±10%）范围内，若超出此范围，应外接稳压器或调压器。

（2）由于电源中接有高频滤波电容器，机壳有一定的电位，如果机壳没有接地线，使用时必须装设接地线。

（3）通电前检查各旋钮位置，把载波调节、输出—微调、输出倍乘和调幅度调节等旋钮逆时针方向旋到底，电压表和调幅度表做好机械调零。

（4）接通电源，打开开关，指示灯亮，预热 10 分钟，将仪器面板上的波段开关旋到任意两档之间，使电压表指针指零。

2. 高频信号输出

将高频电缆带插头一端接到仪器高频输出插座上，另一端接到测试线路。

将频段开关扳到需要的频段，转动频率细调旋钮，使指针对准需要的频率。

3. 音频信号输出

将音频连接线接到音频输出接线柱与地接线柱，另一端接到测试线路。将 $K_1$ 开关扳到等幅，频段开关扳到第一频段，顺时针转动音频输出。

调节旋钮，即有 1 千兆音频信号输出。如果需要同时输出高频信号与音频信号，频段开关可以放到其他频段。

### （三）电视信号发生器

（1）电视信号发生器是调试或检修彩色电视机常用的仪表，它可以产生各种不同频率的等幅正弦波信号和调幅波信号、调频信号，作为标准信号源使用。

（2）868-2 电脑存储型电视信号发生器，如图 4-4-3 所示。

① 电视信号发生器的射频输出。

将电视信号发生器的"射视频选择"开关置于"射频处",拉出天线,打开电源,选择适当的频道,例如:6频道,将频段开关置于"U"。根据需要选择所需的测试图形。

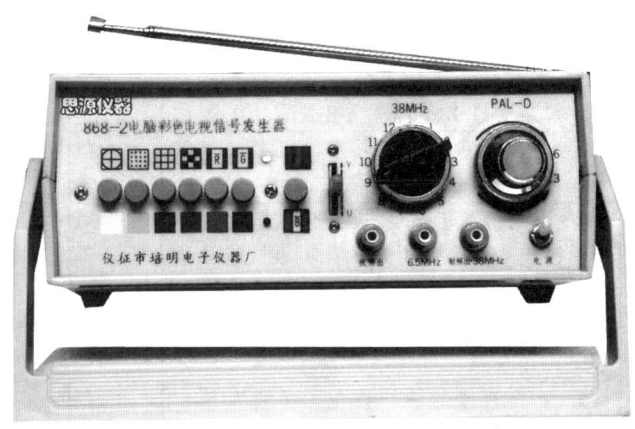

图 4-4-3　868-2 电脑存储型电视信号发生器

将彩色电视机电源开关打开,拉出天线,"射、视频"选择视频,搜索电视信号发生器发出的射频信号并存储。

② 电视信号发生器的视频、伴音中频输出。

将电视信号发生器的"射视频选择"开关置于"视频处",用 2 条视频线分别插接电视信号发生器和电视机的视频、伴音中频输出,打开两机的开关。分别测试 5 个以上测试图形,并观察和记录电视机的图像质量情况。

若电视信号发生器较少不能满足需求,可增加匹配器以分配电视信号发生器输出的信号。

## 【任务实施】

一、训练器材

低、高频信号发生器,电视信号发生器。

二、训练内容

(1) 识别低、高频信号发生器面板按钮功能。

(2) 熟悉信号发生器的使用方法。

三、训练方法

教师巡回指导,学生练习。

## 【任务评价】

考核标准为百分制,每部分考核标准分数如表 4-4-1 所示:

表 4-4-1　考核标准

班级：　　　姓名：　　　组别：　　　学号：　　　得分：

| 评价指标 | 主要观测点 | 自评<br>(20%) | 互评<br>(20%) | 师评<br>(60%) | 小计 |
|---|---|---|---|---|---|
| 学习态度（20分） | 1. 学习前必须认真预习学习内容，明确学习目的（4分），没有预习（0分） | | | | |
| | 2. 进入教室后，在教室内严禁高声喧哗和闲聊（4分），违规一次扣（0.5分） | | | | |
| | 3. 进入教室后，服从指导教师的任务安排，配合默契（4分）；不服从指导老师的任务安排。配合不默契扣（2分） | | | | |
| | 4. 严禁携带食物和饮料进入教室（4分），违规一次扣（0.5分） | | | | |
| | 5. 爱护教室的一切设施，不得乱涂、乱写、乱刻（4分），违规一次扣（1分） | | | | |
| 学习过程（30分） | 1. 主动参与分工协作（10分）<br>2. 经劝说积极参与分工协作（8分）<br>3. 经劝说仍消极参与分工协作（4分）<br>4. 经劝说仍拒绝参与分工协作（0分） | | | | |
| | 1. 跨组积极表达正确观点，具有快速理解沟通的能力（10分）<br>2. 组内积极表达正确观点，具有快速理解沟通的能力（8分）<br>3. 不表达任何观点（0分） | | | | |
| | 1. 能够认真完成实训任务（10分）<br>2. 能够完成任务（7分）<br>3. 能基本完成任务（3分） | | | | |
| 学习效果（50分）<br>（作品） | 1. 理论知识和实训任务能贯通（15分） | | | | |
| | 2. 理论知识和实际应用相联系（15分） | | | | |
| | 3. 实际操作能与实际应用相连接（20分） | | | | |
| 总　计 | | | | | |

## 【拓展练习】

（1）打开低频信号发生器的电源开关，保持示波器的 T/Div 不变，将低频信号发生器的频率分别调到 50 Hz、200 Hz、500 Hz、1 kHz 和 2 kHz，观察、分析这几种频率的波形变化，并用白纸描下波形图。

（2）用低频信号发生器分别调出 50 Hz、2 V，100 Hz、1 V，200 Hz、0.5 V，500 Hz、0.1 V，1 kHz、1 V，2 kHz、0.2 V，5 kHz、50 mV，10 kHz、10 mV，20 kHz、10 mV，50 kHz、20 mV，100 kHz、20 mV 正弦信号，分别用万用表交流电压档测量上述各交流正弦电压，分析比较。

§ 项目四 常用检测仪表的功能特点和使用方法 §

# 任务五　直流稳压电源的使用

## 【教学目标】

一、知识目标

（1）了解直流稳压电源的主要用途。

（2）掌握直流稳压电源的使用方法。

（3）掌握直流稳压电源的维修方法。

二、能力目标

（1）熟练掌握稳压电源的使用方法。

（2）掌握直流稳压电源的维修方法。

三、素养目标

（1）工作踏实、诚实守信、善于沟通合作，服从组织领导。

（2）具有较强的专业基础知识和专业技能，能在工作实践中不断提高专业技术水平，能及时捕捉本专业新技术、新知识，了解该领域发展动态和方向。

（3）具有较强的实践技能，具备一定的分析和解决本专业实际问题能力，具有初步的组织管理能力，具有一定的生产管理和技术管理能力。

## 【教学场景】

多媒体教室、电子实训室。

## 【任务描述】

本任务学习的主要内容是稳压电源的认识和正确使用。

## 【相关知识】

一、直流稳压电源简介

常用稳压电源包括交流稳压电源和直流稳压电源。常用直流稳压电源的面板结构通常有两种，分别是指针显示式和数字显示式。

（一）指针显示式直流稳压电源

1. JWY302 晶体管组合直流稳压电源

JWY302 晶体管组合直流稳压电源如图 4-5-1 所示。

（1）面板结构和功能。

① 电源开关：当接通外插头，合上电源开关时，表明该电源可以开始输出所需的电压。

图 4-5-1 JWY302 晶体管组合直流稳压电源

②电源指示灯:接通外插头,合上电源开关时,该灯会亮,指明该仪器的工作状态。

③输出端:"+"端表示电压输出正极性端,"-"端表示电压输出负极性端,"地"端表示该端一般和仪器的面板相接,当需要输出正电压时,"地"端与"-"端相接,由"+"端与"地"端输出正电压;当需要输出负电压时,"地"端与"+"端相接,由"-"端与"地"端输出负电压。

④电压粗调:输出电压时,先要搞清楚所需电压的大小;然后将稳压电源的电压粗调旋钮放在相应的档位。

⑤电压细调:由该旋钮得到所需的具体电压。

⑥电压表:用来指明具体电压的读数,由于精度不高,所以电压的读数一般以万用表测试的结果为准。

⑦电流表:当稳压电源接上具体的电路时,由于负载的不同,会有不同的电流指示。

(2)应用实例。

①插上外电源插头,打开电源开关;

②粗调量程;

③微调使指针指示大致为+12 V;

④用万用表(模拟或数字均可)的红表笔接电源的"+"端,黑表笔接源的"-"端,再测试具体读数,应为+12 V,若读数不对,再微调直流稳压电源,使万用表读数为+12 V;

⑤若要输出+12 V 电压,则"地"与电源"-"级相连,此时"+"与"地"间电压为+12 V;

⑥若要输出-12 V 电压,则"地"与电源"+"级相连,此时"-"与"地"间电压为-12 V。

(二)数字显示式直流稳压电源

1. DF1731SB1AT 型双路可调式直流电源

DF1731SB1AT 型双路可调式直流电源如图 4-5-2 所示。

图 4-5-2　DF1731SB1AT 型双路可调式直流电源

（1）使用方法。

① 电源开关在仪器的左下方，按下后接通仪器电源。仪器右部是主路输出，左部是从路输出。

左边 LED 显示窗口，分别是从路的电流、电压显示；右边 LED 显示窗口，分别是主路的电流、电压显示。当两路单独使用时，两路不存在主从关系，可分别单独调整，为叙述方便，下面以左路和右路代替主从称谓。若需了解该仪器的串、并联使用方法请参阅使用说明。

② 下面介绍两路单独使用时的使用方法，以左路为例：

a. 将两路独立、串、并联控制开关同时弹起，左路的稳压输出电流调节旋钮置于中部或以上位置，调节左路的稳压输出电压调节旋钮，使左路电压显示出现所需的电压值。

b. 电压从左路接线柱引出红色接线柱引出电源正极，接到实验装置的正极；黑色接线柱引出电源负极，接到实验装置的地。中间的绿色端子接仪器的外壳，通常不与正极或负极连接，但作高频测试时需视情况将它与黑色或红色端子相连。

c. 右路的调整方法同左路。

2. 直流电源输出±15 V 电压的特例

按上述方法，使左右两路各输出 15 V 电压，再将左路的黑端子和右路的红端子相连，接到实验装置的地，则可从左路的红端子输出+15 V，右路的黑端子输出-15 V。

【注意事项】

开机：

（1）将电压调节旋钮旋转到最小位置（一般是逆时针旋转为减小），再将稳流旋钮旋转到最小位置。

（2）将直流稳压电源的电源线插头接到交流电插座上，打开直流稳压电源的开关调压；

（3）旋转稳流旋钮对稳流数值作适当的调节。

（4）旋转稳压旋钮根据需要调节电压，电压值一般不要太大。

关机；

（5）做完实验后先将全部的稳压、稳流旋钮旋转到最小位置，再关闭稳压电源开关，最后再拆连接电路所用的导线。

（6）稳压电源的开关不能作为电路开关随意开关。

## 【任务实施】

一、训练器材

交直流稳压电源。

二、训练内容

（1）识别稳压电源面板按钮功能。

（2）用直流稳压电源分别调出 0.5 V、1 V、1.5 V、3 V、6 V、12 V 和 24 V 直流电压，然后用万用表直流电压档，适当调节量程，分别测量上述电压。

三、训练方法

教师巡回指导，学生练习。

## 【任务评价】

考核标准为百分制，每部分考核标准分数如表 4-5-1 所示：

表 4-5-1　考核标准

班级：　　　姓名：　　　组别：　　　学号：　　　得分：

| 评价指标 | 主要观测点 | 自评（20%） | 互评（20%） | 师评（60%） | 小计 |
| --- | --- | --- | --- | --- | --- |
| 学习态度（20分） | 1. 学习前必须认真预习学习内容，明确学习目的（4分），没有预习（0分） | | | | |
| | 2. 进入教室后，在教室内严禁高声喧哗和闲聊（4分），违规一次扣（0.5分） | | | | |
| | 3. 进入教室后，服从指导教师的任务安排，配合默契（4分）；不服从指导老师的任务安排，配合不默契扣（2分） | | | | |
| | 4. 严禁携带食物和饮料进入教室（4分），违规一次扣（0.5分） | | | | |
| | 5. 爱护教室的一切设施，不得乱涂、乱写、乱刻（4分），违规一次扣（1分） | | | | |
| 学习过程（30分） | 1. 主动参与分工协作（10分） 2. 经劝说积极参与分工协作（8分） 3. 经劝说仍消极参与分工协作（4分） 4. 经劝说仍拒绝参与分工协作（0分） | | | | |

续表

| 评价指标 | 主要观测点 | 自评（20%） | 互评（20%） | 师评（60%） | 小计 |
|---|---|---|---|---|---|
| 学习过程（30分） | 1. 跨组积极表达正确观点，具有快速理解沟通的能力（10分）<br>2. 组内积极表达正确观点，具有快速理解沟通的能力（8分）<br>3. 不表达任何观点（0分） | | | | |
| | 1. 能够认真完成实训任务（10分）<br>2. 能够完成任务（7分）<br>3. 能基本完成任务（3分） | | | | |
| 学习效果（50分）（作品） | 1. 理论知识和实训任务能贯通（15分） | | | | |
| | 2. 理论知识和实际应用相联系（15分） | | | | |
| | 3. 实际操作能与实际应用相连接（20分） | | | | |
| 总　计 | | | | | |

## 【拓展练习】

根据收音机（或其他负载）的要求，调节出使用电压，并用万用表复测核对；然后把输出电压用导线连接至收音机的"+、-"极上，开启收音机开关，在收听节目的同时，观察直流稳压电源面板上的电压表和电流表的示数。

# 项目五　电子元器件的安装与焊接

## 任务一　电子元器件安装工艺与焊接要求

【教学目标】

一、知识目标

（1）熟练掌握电子元器件安装工艺。
（2）熟练掌握各种焊接工具的使用方法。
（3）熟练掌握手工焊接要点。

二、能力目标

（1）熟练掌握各种常用工具的使用方法。
（2）熟练掌握电子元器件安装工艺。
（3）熟练掌握手工焊接要领。

三、素养目标

（1）通过本课程学习，培养学生用客观的眼光看问题，培养学生严谨认真的工作态度，培养细心做事习惯。
（2）有能吃苦耐劳，有安全的责任心。
（3）工作踏实、诚实守信、善于沟通合作，服从组织领导。

【教学场景】

多媒体教室、电子实训室。

【任务描述】

本任务学习的主要内容是通过训练熟练掌握手工焊接的基本操作，装配工艺合理、焊点质量合格、拆焊操作正确。

【相关知识】

一、电子元器件的焊前加工

电子元器件引脚是焊接的关键部分，具有一定的可焊性技术要求，但元器件在生产、运输、存储等各个环节中，其引脚接触空气表面易产生氧化膜，使引脚的可焊性严重下降。因此，在对元器件进行安装焊接之前，要对元器件的引脚进行清洁处理，同时助焊剂会破坏引脚金属表面的氧化层，继而需要对元器件的引脚进行镀锡操作，以防止焊接后电子元器件的引脚被氧化造成虚焊。

## （一）电子元器件引脚的加工处理

### 1. 引脚的校直

手工操作时，可以使用尖嘴钳将元器件的引脚沿原始角度拉直，不能出现凹凸块，轴向元器件的引脚一般保持在轴心线上，或是与轴心线保持平行，如图5-1-1所示。

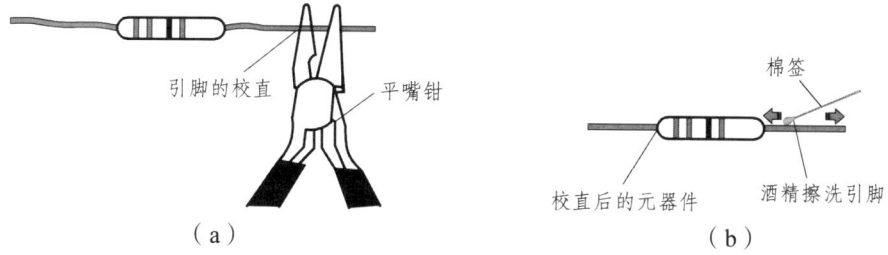

图 5-1-1　引脚的校直

### 2. 引脚表面清洁

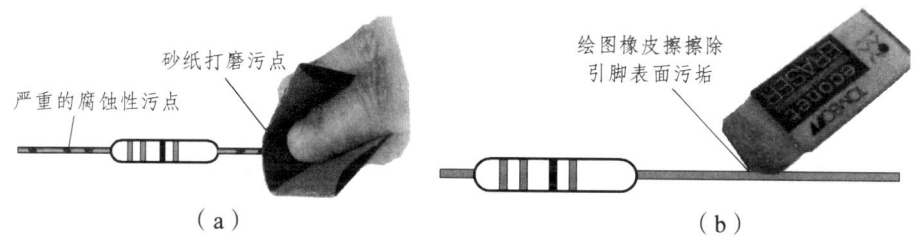

图 5-1-2　引脚表面清洁

（1）引脚表面的污垢可以使用酒精或丙酮擦洗，使用棉签蘸取酒精后擦洗引脚表面。

（2）严重的腐蚀性污点只有用刀刮或用砂纸打磨等机械或手动推行去除，如图所示

（3）镀金引脚可以使用绘图橡皮擦除引脚表面的污物，如图所示

（4）镀银引脚容易产生不可焊接的黑色氧化膜，须用小刀轻轻刮去镀银层，用小刀或断锯条等带刃的工具，沿着引脚从中间向外刮，边刮边转动引脚，直到把引脚上的氧化物彻底刮净为止。

引脚表面清洁如图5-1-2所示。

### 3. 引脚浸蘸助焊剂

为保证元器件在焊接时，可以与焊锡良好焊接，在对引脚进行镀锡之前，电子元器件的引脚需要浸蘸助焊剂。当焊点焊接完毕后，助焊剂浮在焊料表面，形成隔离层，防止焊接面被氧化。

## （二）常用电子元器件引脚成型

### 1. 自动插装前电子元器件的引脚成型

自动插装电子元器件主要是由自动插件机完成的，电子元器件的送入、引脚成型

和插入印制板都是由机械设备自动完成的。为了使元器件插入印制板并能良好地定位，元器件的引脚弯曲形状和两脚间的距离必须一致并且保证足够的精度。

引脚成型时需要注意：

（1）引脚折弯处距离外壳根部至少要求 1.5 mm；

（2）引脚弯曲半径大于等于引脚直径的两倍。立式安装时，弯曲半径应大于元器件外壳的半径；

（3）引脚成形后，引脚之间的距离必须等于印制板上两焊盘之间的距离；

（4）引脚弯折后，引脚应保持平行；

（5）元器件的标称值字符或色环朝左或右侧，便于后期的识别；

（6）引脚成形后不允许有机械损伤。

2. 手动插装前电子元器件的引脚成形

在对电子元器件进行手动插装之前，通常要预先将其引脚固定成形或切断。此时，引脚若被加以过高的应力，器件就会受到机械损伤，并严重影响其可靠性。例如，器件管座与引脚之间相对受到强拉力的作用，可能会造成器件内引脚与接合点之间的断线，或者封装根部产生裂纹导致密封性下降。

在引脚成型时，应注意以下要点：

（1）弯曲或切断引脚时，应使用专门的器具固定弯曲处和器件管座之间的引脚，不要拿着元器件弯曲，使用模具大量成形时，要注意所设计的固定引脚的夹具不应对器件本身施加应力，而且夹具与引脚的接触面应平滑，以免损伤引脚镀层。

（2）弯曲引脚时，弯曲的角度不要超过最终成形的弯曲角度，不要反复弯曲引脚，并且不要在引脚较厚的方向弯曲引脚，如对扁平形状的引脚不能进行横向弯折。

（3）不要沿引脚轴向施加过大的拉伸应力。

（4）弯曲夹具接触引脚的部分应为半径大于 0.5 mm 的圆角，以避免使用它弯曲引脚时损坏引脚的镀层。

元器件通常可以采用卧式跨接和立式跨接两种方式，如图 5-1-3 所示：

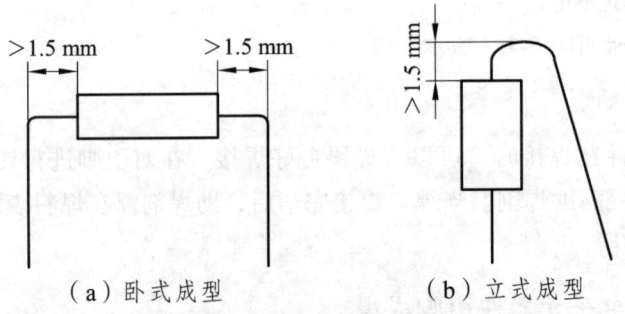

（a）卧式成型　　　　（b）立式成型

图 5-1-3　元器件采用的两种方式

通常情况下使用尖嘴钳或镊子等工具实现元器件引脚的弯曲成形。

3. 装配工艺：

（1）装配过程中每道工序要严格按照工艺文件规定的工序进行操作。

（2）元器件的插装应遵循先小后大、先低后高、先轻后重、先里后外的基本原则。

（3）元器件的插装有卧式插装和立式插装、贴板插装和悬空插装，如图 5-1-4 所示。

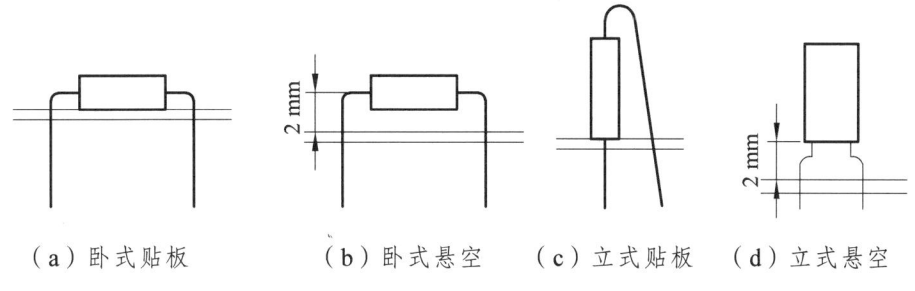

（a）卧式贴板　　（b）卧式悬空　　（c）立式贴板　　（d）立式悬空

图 5-1-4　装配工艺

（4）印制板电路的每个焊盘只允许插入一根引脚。

（5）导线和元器件的引线伸出印制电路板的长度一般为 1~1.5 mm，多余的引线可用斜口钳剪去。

## 二、手工焊接方法

### （一）采用五步焊接法

1. 步骤一：准备施焊

左手拿焊丝，右手握烙铁，进入备焊状态。要求烙铁头保持干净，无焊渣等氧化物，并在表面镀有一层焊锡。

2. 步骤二：加热焊件

烙铁头靠在两焊件的连接处，加热整个焊件全体，时间大约为 1~2 秒钟。对于在印制板上焊接元器件来说，要注意使烙铁头同时接触两个被焊接物。例如，图 5-5（b）中的元器件引线与焊盘要同时均匀受热。

3. 步骤三：送入焊丝

焊件的焊接面被加热到一定温度时，焊锡丝从烙铁对面接触焊件。注意：不要把焊锡丝直接送到烙铁头上。

4. 步骤四：移开焊丝

当焊丝熔化一定量后，立即向左上 45°方向移开焊丝。

5. 步骤五：移开烙铁

焊锡浸润焊盘和焊件的施焊部位以后，向右上 45°方向移开烙铁，结束焊接。从第三步开始到第五步结束,时间大约也是 1~2 s。

手工焊接五步法如图 5-1-5 所示。

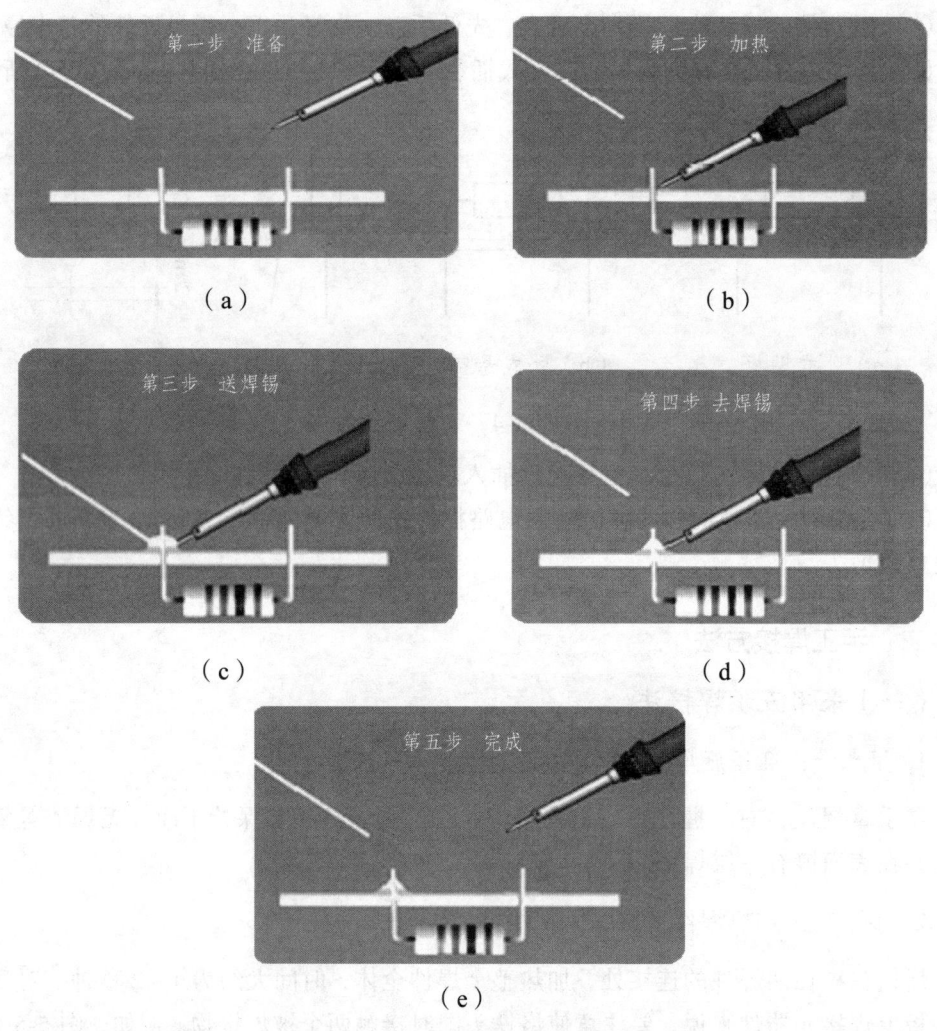

图 5-1-5　手工焊接五步法

## (二) 焊接要点

1. 焊件表面要处理好

焊接时焊件金属的表面应保持清洁,因此在焊接前要对焊件进行清理工作,去处焊件表面的氧化层、油污、锈迹、杂质等。

2. 保持烙铁头的清洁

焊接时,烙铁头的温度很高,并且经常接触助焊剂,在其表面容易形成黑色的杂质,影响焊接质量及美观,应及时用浸湿的百洁布或湿海棉进行擦拭。

### 3. 加热焊件的位置要合理

焊接时，烙铁头应同时给两个焊件加热，使得两个焊件受热均匀，防止出现虚焊的现象。对于圆斜面形的烙铁头在焊接时应将其斜面向上，利于观察焊锡的量。

### 4. 焊接时间要适当

从加热焊件到撤离电烙铁的时间一般应在 2～3 s 内完成。

### 5. 焊料供给要恰当

焊料的供给量要根据焊件的大小来定，过多造成浪费且使得焊点过于饱满，过少则不能使得焊件牢固结合，降低了焊接强度。

### 6. 电烙铁的撤离方向要正确

撤离电烙铁是整个焊接过程中相当关键的一步，当焊点接近饱满，助焊剂尚未完全挥发、焊点最光亮、流动性最强的时候，应以向右上 45°方向迅速移开烙铁，如图 5-1-6 所示。

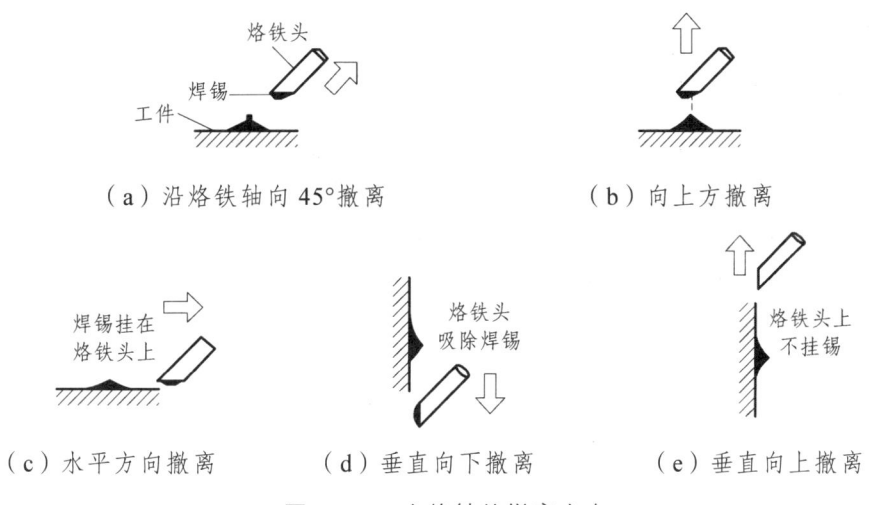

图 5-1-6 电烙铁的撤离方向

### 7. 焊锡凝固要注意

在焊点上的焊锡没有凝固之前，切勿使焊件移动或受到振动，特别是用镊子夹住焊件时，一定要等焊锡凝固后再移走镊子，否则极易造成焊点结构疏松或虚焊。

## （三）焊接要求

（1）烙铁头不能对印制电路板施加太大的压力，防止焊盘受压翘起。

（2）电烙铁不能在一个焊点上停留时间太长，否则会使焊盘剥离以及基板产生焦斑。

（3）焊接过程中应注意不要烫伤周围的元器件及导线。

（4）焊接结束后，应保证电路无漏焊、错焊、虚焊等现象。

### (四)易损元器件的焊接

(1)引线如果采用镀金处理或已经镀锡的,可以直接焊接。不要用刀刮引线,最多只需要用酒精擦洗或用绘图橡皮擦干净即可。

(2)对于绝缘栅型场效应管,如果事先已将各引线短路,焊前不要拿掉短路线,对使用的电烙铁,最好采用防静电措施。

(3)在保证浸润的前提下,尽可能缩短焊接时间,一般不要超过2秒钟。

(4)注意保证电烙铁良好接地。必要时,还要采取人体接地的措施(佩戴防静电腕带、穿防静电工作鞋)。

(5)使用低熔点的焊料,熔点一般不要高于180 ℃。

(6)工作台上如果铺有橡胶、塑料等易于积累静电的材料,则元器件及印制板等不宜放在台面上,以免静电损伤。工作台最好铺上防静电胶垫。

(7)使用电烙铁,内热式的功率不超过20 W,外热式的功率不超过30 W,且烙铁头应该尖一些,防止焊接一个端点时碰到相邻端点。

(8)集成电路若不使用插座直接焊到印制板上,安全焊接的顺序是:地端→输出端→电源端→输入端。

### (五)焊接质量要求

(1)焊点要有足够的机械强度,保证被焊件在受振动或冲击时不致脱落、松动。

(2)焊接可靠,具有良好导电性,必须防止虚焊。

(3)焊点表面要光滑、清洁,焊点表面应有良好光泽,不应有毛刺、空隙,无污垢,尤其是焊剂的有害残留物质,要选择合适的焊料与焊剂。

(4)形状为近似圆锥而表面稍微凹陷,呈漫坡状,以元件引线为中心,对称成裙形展开。虚焊点的表面往往向外凸出,可以鉴别出来。

(5)焊点上焊料的连接面呈凹形自然过渡,焊锡和焊件的交界处平滑,接触角尽可能小。

### (六)焊接缺陷分析

焊接缺陷分析如图5-1-7所示。

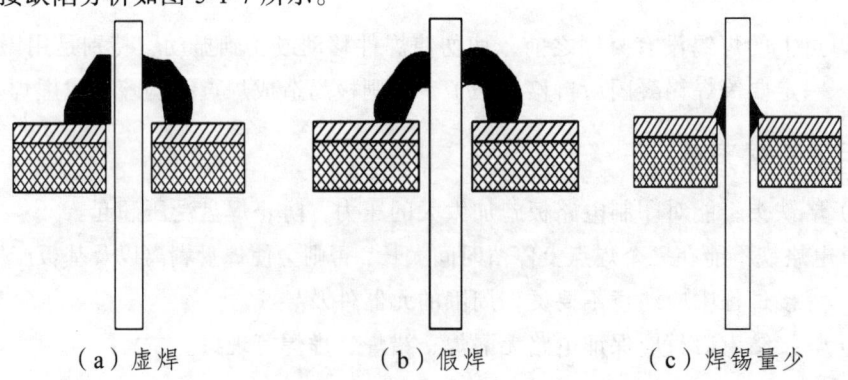

(a)虚焊　　　　　(b)假焊　　　　　(c)焊锡量少

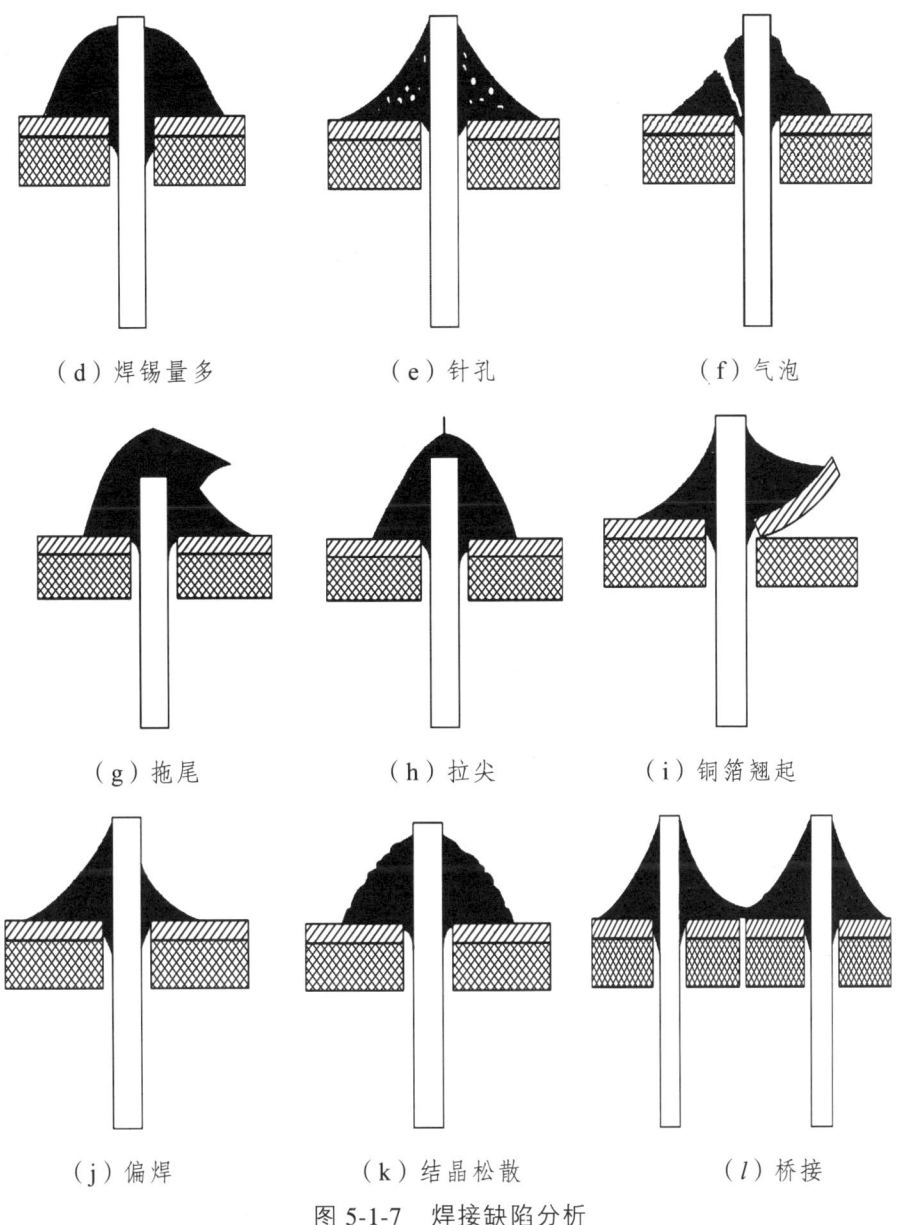

图 5-1-7 焊接缺陷分析

## （七）拆焊方法

1. 拆焊的基本原则

（1）不损坏被拆除的元器件、导线及周围的元器件。

（2）不可损坏印制电路板上的焊盘与印制导线。

（3）对已判定为损坏的元器件，可先将其引脚剪断再拆除，以减少其他损伤。

（4）在拆焊过程中，应尽量避免拆动其他元器件或变动其他元器件的位置，如确实需要应做好复原工作。

2. 拆焊的操作要点

（1）严格控制加热的温度和时间；拆焊的加热时间和温度较焊接时要长、要高，但是要严格控制温度和加热时间，以免高温损坏其他元器件。

（2）拆焊时不要用力过猛；在高温状态下，元器件封装的强度会下降，尤其是塑封器件，过力地拉、摇、扭元器件都会损坏元器件和焊盘。

（3）吸去拆焊点上的焊料；拆焊前，用吸锡工具吸去焊料，有时可以直接将元器件拔下。即使还有少量锡连接，也可以减少拆焊的时间，减少元器件和印制电路板损坏的可能性。在没有吸锡工具的情况下，则可以将印制电路板或能移动的部件倒过来，用电烙铁加热拆焊点，利用重力原理，让焊锡自动流向电烙铁，也能达到部分去锡的目的。

3. 拆焊方法

（1）分点拆焊法

对卧式安装的阻容元器件，两个焊点距离较远，可采用电烙铁分点加热，逐点拔出，如果引脚是弯折的，用烙铁头撬直后再行拆除。拆焊时，将印制电路板竖起，一边用烙铁加热等拆元器件的引脚焊点，一边用镊子夹住元器件引脚轻轻拉出。

（2）集中拆焊法

排电阻器的各个引脚分开焊接使用电烙铁很难同时将其焊下，可使用热风焊机快速加热几个焊点，待焊锡熔化后一次拨出。

（3）剪断拆焊法

被拆焊点上的元器件引脚及导线如留有余量，或确定元器件已经损坏，可先将元器件或导线剪下，再将焊盘上的线头拆下。

4. 拆焊后重新焊接时应注意的问题

（1）重新焊接的元器件引线和导线的剪截长度、高度板或印制电路板的高度、弯折形状和方向都应尽量保持与原来的一致，使电路的分布参数不致发生大的变化，以免使电路的性能受到影响，特别对于高频电子产品更要重视。

（2）印制电路板拆焊后，如果焊盘孔被堵塞，应先用锥子或镊子尖端在加热下，从铜箔面将孔穿通，再插进元器件引线或导线进行重焊。特别是单面板，不能用元器件引线从印制电路板面捅穿孔，这样很容易使焊盘铜箔与基板分离，甚至使铜箔断裂。

（3）拆焊点重新焊好元器件或导线后，应将因拆焊需要而弯折、移动过的元器件恢复原状。

**【任务实施】**

一、训练器材

各种型号电烙铁若干、各类吸锡器若干、印制电路板若干、焊锡丝、焊锡膏及其他焊接工具。

§项目五 电子元器件的安装与焊接§

## 二、训练内容

（1）了解手工焊接方法和焊点要求。

（2）电路板的焊接。

（3）统一组装功放电路板。

## 三、训练方法

教师巡回指导，学生练习。

## 【任务评价】

考核标准为百分制，每部分考核标准分数如表 5-1-1 所示：

表 5-1-1 考核标准

班级： 姓名： 组别： 学号： 得分：

| 评价指标 | 主要观测点 | 自评（20%） | 互评（20%） | 师评（60%） | 小计 |
|---|---|---|---|---|---|
| 学习态度（20分） | 1. 学习前必须认真预习学习内容，明确学习目的（4分），没有预习（0分） | | | | |
| | 2. 进入教室后，在教室内严禁高声喧哗和闲聊（4分），违规一次扣（0.5分） | | | | |
| | 3. 进入教室后，服从指导教师的任务安排，配合默契（4分）；不服从指导老师的任务安排，配合不默契扣（2分） | | | | |
| | 4. 严禁携带食物和饮料进入教室（4分），违规一次扣（0.5分） | | | | |
| | 5. 爱护教室的一切设施，不得乱涂、乱写、乱刻（4分）。违规一次扣（1分） | | | | |
| 学习过程（30分） | 1. 主动参与分工协作（10分）<br>2. 经劝说积极参与分工协作（8分）<br>3. 经劝说仍消极参与分工协作（4分）<br>4. 经劝说仍拒绝参与分工协作（0分） | | | | |
| | 1. 跨组积极表达正确观点，具有快速理解沟通的能力（10分）<br>2. 组内积极表达正确观点，具有快速理解沟通的能力（8分）<br>3. 不表达任何观点（0分） | | | | |
| | 1. 能够认真完成实训认任务（10分）<br>2. 能够完成任务（7分）<br>3. 能基本完成任务（3分） | | | | |
| 学习效果（50分）（作品） | 1. 掌握电子元器件引脚成型方法，掌握电烙铁的正确使用方法（15分） | | | | |
| | 2. 掌握手工焊接的五步焊接法（15分） | | | | |
| | 3. 实训作品焊点质量合格，掌握拆焊方法（20分） | | | | |
| 总　计 | | | | | |

【拓展练习】

（1）练习电阻、电容元件引脚成型。

（2）利用印制电路板和元器件练习手工焊接技术直至完全掌握。

（3）反复进行拆焊练习。

# 任务二　自动化焊接的特点及工艺

【教学目标】

一、知识目标

（1）了解自动化焊接的设备、特点。

（2）了解自动化焊接的方法。

（3）了解自动化焊接的基本原理。

二、能力目标

（1）了解自动浸焊的基本步骤。

（2）了解波峰焊的工艺流程。

（3）了解再流焊的工艺流程。

三、素养目标

（1）通过本课程学习，培养学生用客观的眼光看问题，培养学生严谨认真的工作态度，培养细心做事习惯。

（2）具有较强的专业基础知识和专业技能，能在工作实践中不断提高专业技术水平，能及时捕捉本专业新技术、新知识，了解该领域发展动态和方向。

（3）具有较强的实践技能，具备一定的分析和解决本专业实际问题能力，具有初步的组织管理能力，具有一定的生产管理和技术管理能力。

【教学场景】

多媒体教室、电子实训室。

【任务描述】

本任务学习的主要内容是通过多媒体教学了解自动化焊接的设备、特点及基本工艺。

【相关知识】

在工业化大批量生产电子产品的企业里，通孔基板插装技术（THT）常用的自动焊接设备有浸焊机、波峰焊机以及清洗设备、助焊剂自动涂敷设备等其他辅助装置，表面安装技术（SMT）采用的典型焊接设备是再流焊设备以及锡膏印刷机、贴片机等组成的焊接流水线，如图 5-2-1 所示。

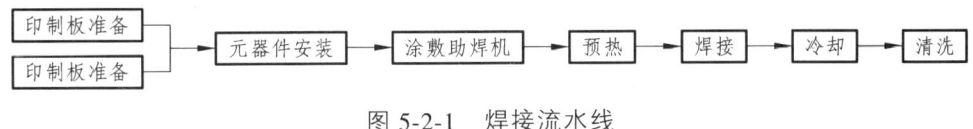

图 5-2-1 焊接流水线

## 一、浸焊

### （一）浸焊机工作原理

浸焊是将插装好元器件的印制电路板浸入熔化状态的锡槽内浸锡（见图 5-2-2），并一次完成印制电路板众多焊点的焊接方法，浸焊大大提高了焊接的工作效率，而且可以消除漏焊现象。其不需连接的部分可以通过在印制电路板上涂抹阻焊剂来实现。

### （二）浸焊的基本步骤

（1）把已插装好元器件的印制电路板背部及其引脚浸润松香等助焊剂，使焊盘上涂满助焊剂。另外，在不需要焊接的部位涂抹阻焊剂，适当地涂抹阻焊剂，即可避免各种搭焊的弊病，又可节约大量的锡，并增加印制电路板的美观性。

（2）助焊剂固化后，将待焊接的印制电路板水平地浸入锡槽中，浸入的深度以印制板厚度的 50%～70%为宜，焊接表面与印制电路板的焊盘要完全接触，浸焊的时间约 3～5 s 为宜。

（3）将印制电路板竖直撤离锡槽液面，以避免焊点变形。

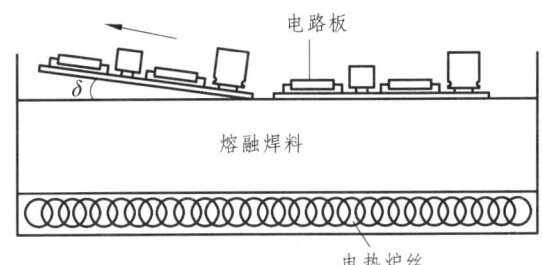

图 5-2-2 浸焊设备的焊锡槽示意图

### （三）操作浸焊机注意

（1）焊料温度控制。一开始要选择快速加热，当焊料熔化后，改用保温档进行小功率加热，既防止由于温度过高加速焊料氧化，保证浸焊质量，也节省了电力消耗。

（2）焊接前，让电路板浸蘸助焊剂，应该保证助焊剂均匀涂敷到焊接面的各处。有条件的，最好使用发泡装置，有利于助焊剂涂敷。

（3）在焊接时，要特别注意电路板面与锡液完全接触，保证板上各部分同时完成焊接，焊接的时间应该控制在 3 s 左右。

（4）在浸锡过程中，为保证焊接质量，要随时清理刮除漂浮在熔融锡液表面的氧化物、杂质和焊料废渣，避免废渣进入焊点造成夹渣焊。

（5）根据焊料使用消耗的情况，及时补充焊料。

## 二、波峰焊

波峰焊是指将熔化的软钎焊料（铅锡合金），经电动泵或电磁泵喷流成设计要求的焊料波峰，也可通过向焊料池注入氮气来形成，使预先装有元器件的印制板通过焊料波峰，实现元器件焊点或引脚与印制板焊盘之间机械与电气连接的软钎焊。

### （一）波峰焊机结构及其工作原理

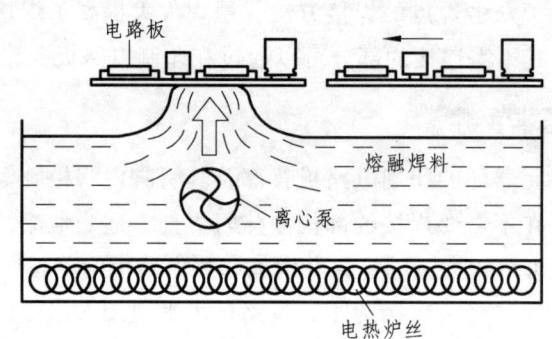

图 5-2-3　波峰焊机结构及其工作原理

### （二）波峰焊机的内部结构示意图

内部结构示意如图 5-2-4 所示。

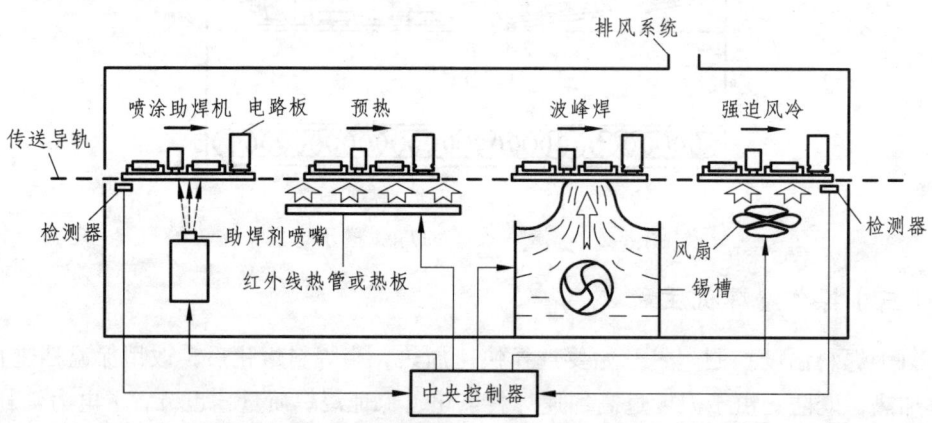

图 5-2-4　波峰焊机的内部结构示意图

几种波峰焊机：

（1）斜坡式波峰焊机，如图 5-2-5（a）所示。

（2）高波峰焊机，如图 5-2-5（b）所示。

（3）双波峰焊机，如图 5-2-6 所示。

（4）选择性波峰焊设备。

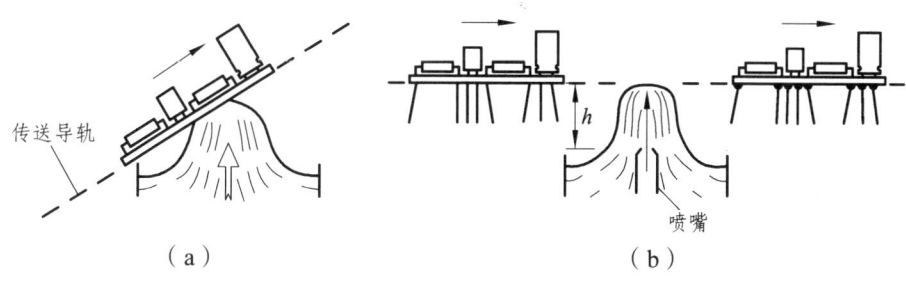

图 5-2-5 斜坡式波峰焊机和高波峰焊机

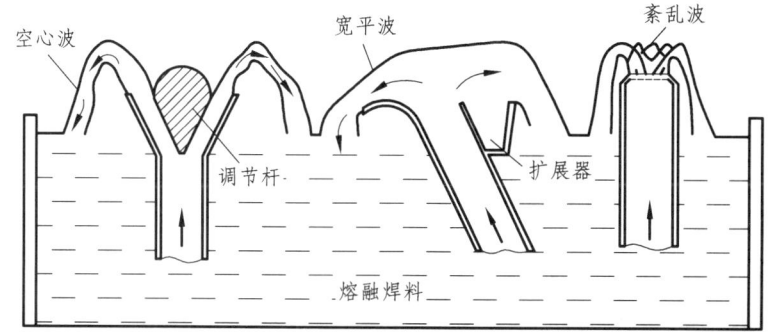

图 5-2-6 双波峰焊机的焊料波型

## 三、再流焊

再流焊也叫回流焊,是伴随微型电子产品的出现而发展起来的焊接技术,主要应用于各类表面组装元器件的焊接。

### (一) 再流焊工艺概述

再流焊工艺如图 5-2-7 所示。

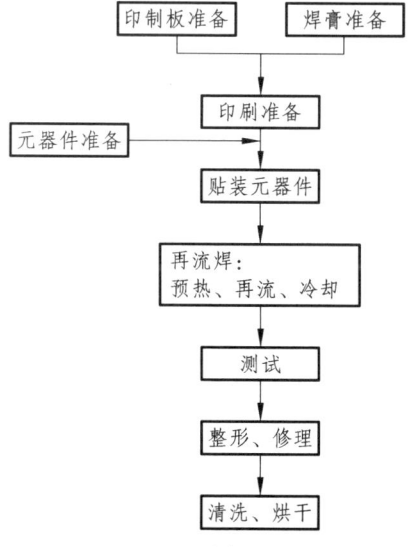

图 5-2-7 再流焊工艺概述

## (二)再流焊工艺的特点与要求

再流焊的工艺要求有以下几点:

(1)要设置合理的温度曲线。再流焊是 SMT 生产中的关键工序,如果温度曲线设置不当,就会引起焊接不完全、虚焊、元件翘立("竖碑"现象)、锡珠飞溅等焊接缺陷,影响产品质量。

(2)SMT 电路板在设计时要确定焊接方向,应当按照设计方向进行焊接。

(3)在焊接过程中,要严格防止传送带震动。

(4)必须对第一块印制电路板的焊接效果进行判断,适当调整焊接温度曲线。

## (三)再流焊炉的结构和主要加热方法

### 1. 红外线再流焊(Infra Red Ray Re-flow)

红外线再流焊如图 5-2-8 所示。

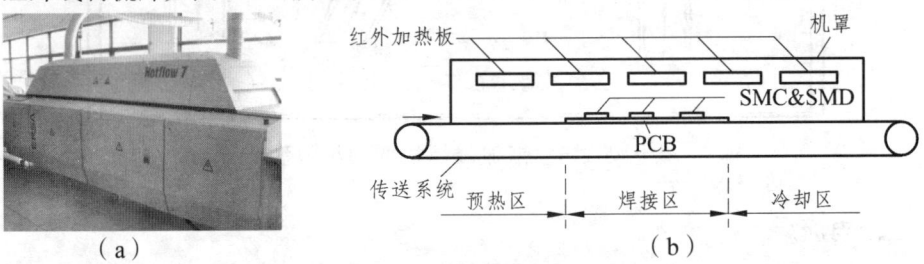

图 5-2-8 红外线再流焊

再流焊时电路板两面的温度不同,如图 5-2-9 所示。

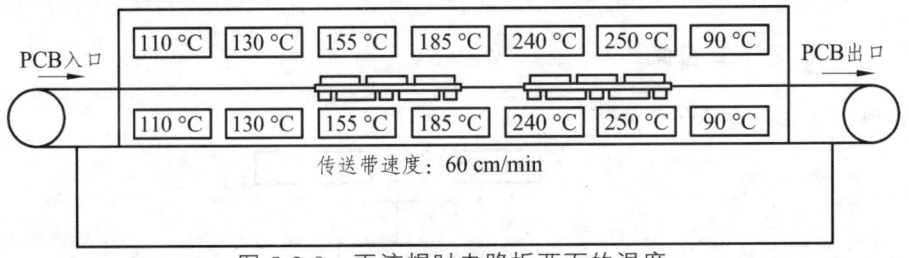

图 5-2-9 再流焊时电路板两面的温度

### 2. 气相再流焊(Vapor Phase Re-flow)

气相再流焊如图 5-2-10 所示。

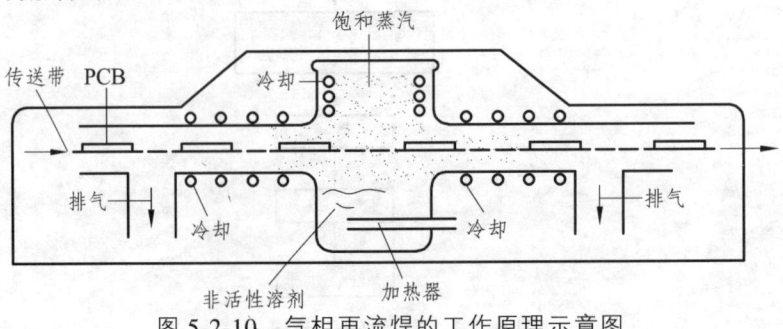

图 5-2-10 气相再流焊的工作原理示意图

## 3. 热板传导再流焊

热板传导再流焊如图 5-2-11 所示。

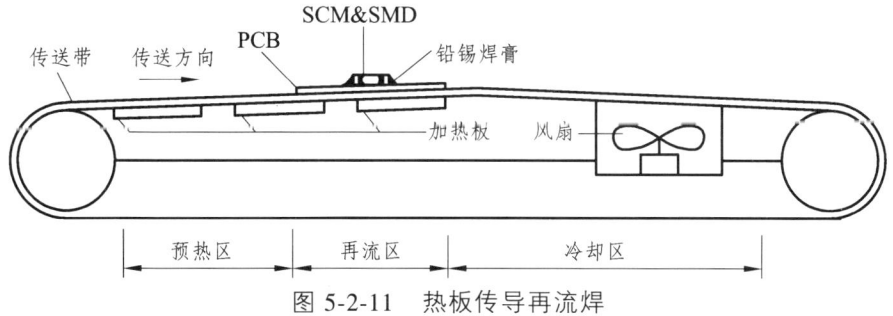

图 5-2-11　热板传导再流焊

## 4. 热风对流再流焊与红外热风再流焊

其工作原理如图 5-2-12 所示，红外热风再流焊设备如图 5-2-13 所示。

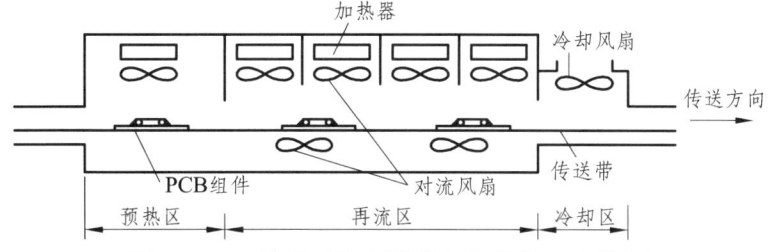

图 5-2-12　热风对流再流焊与红外热风再流焊

图 5-2-13　简易的红外热风再流焊设备

## 5. 激光加热再流焊

激光加热再流焊如图 5-2-14 所示。

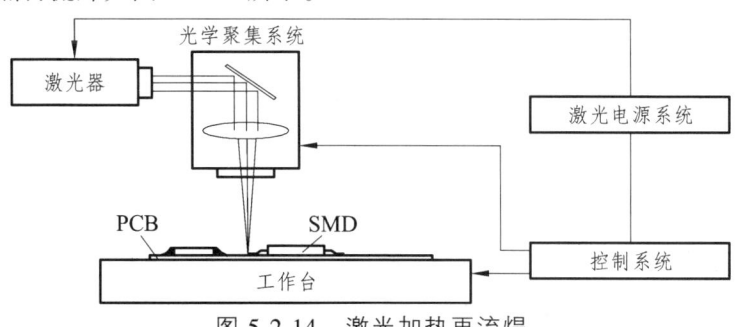

图 5-2-14　激光加热再流焊

## （四）再流焊设备的主要技术指标

（1）温度控制精度（指传感器灵敏度）：应该达到±（0.1~0.2）℃；

（2）传输带横向温差：要求±5℃以下；

（3）温度曲线调试功能：如果设备无此装置，要外购温度曲线采集器；

（4）最高加热温度：一般为300~350℃，如果考虑温度更高的无铅焊接或金属基板焊接，应该选择350℃以上；

（5）加热区数量和长度：加热区数量越多、长度越长，越容易调整和控制温度曲线。一般中小批量生产，选择4~5个温区，加热长度1.8 m左右的设备，即能满足要求。

（6）传送带宽度：根据最大和最宽的PCB尺寸确定。

## （五）各种再流焊工艺主要加热方法的优缺点

表5-2-1  各种再流焊工艺主要加热方法的优缺点

| 加热方式 | 原理 | 优点 | 缺点 |
| --- | --- | --- | --- |
| 红外 | 吸收红外线辐射加热 | 1. 连续，同时成组焊接<br>2. 加热效果好，温度可调范围宽<br>3. 减少焊料飞溅、虚焊及桥接 | 材料、颜色与体积不同，热吸收不同，温度控制不够均匀 |
| 气相 | 利用惰性溶剂的蒸气凝聚时放出的潜热加热 | 1. 加热均匀，热冲击小<br>2. 升温快，温度控制准确<br>3. 同时成组焊接<br>4. 可在无氧环境下焊接 | 1. 设备和介质费用高<br>2. 容易出现吊桥和芯吸现象 |
| 热风 | 高温加热的气体在炉内循环加热 | 1. 加热均匀<br>2. 温度控制容易 | 1. 容易产生氧化<br>2. 强风会使元器件产生位移 |
| 热板 | 利用热板的热传导加热 | 1. 减少对元器件的热冲击<br>2. 设备结构简单，价格低 | 1. 受基板热传导性能影响大<br>2. 不适用于大型基板、大型元器件<br>3. 温度分布不均匀 |
| 激光 | 利用激光的热能加热 | 1. 聚光性好，适用于高精度焊接<br>2. 非接触加热<br>3. 用光纤传送能量 | 1. 激光在焊接面上反射率大<br>2. 设备昂贵 |

## 四、其他焊接方法

除了上述几种焊接方法以外，在微电子器件组装中，超声波焊、热超声金丝球焊、机械热脉冲焊都有各自的特点。例如新近发展起来的激光焊，能在几微秒的时间内将焊点加热到熔化而实现焊接，热应力影响小，可以同锡焊相比，是一种很有潜力的焊接方法。

## 【任务评价】

考核标准为百分制，每部分考核标准分数如表5-2-2所示：

§ 项目五 电子元器件的安装与焊接 §

表 5-2-2 考核标准

班级：　　　姓名：　　　组别：　　　学号：　　　得分：

| 评价指标 | 主要观测点 | 自评（20%） | 互评（20%） | 师评（60%） | 小计 |
|---|---|---|---|---|---|
| 学习态度（20分） | 1. 学习前必须认真预习学习内容，明确学习目的（4分），没有预习（0分） | | | | |
| | 2. 进入教室后，在教室内严禁高声喧哗和闲聊（4分），违规一次扣（0.5分） | | | | |
| | 3. 进入教室后，服从指导教师的任务安排，配合默契（4分）；不服从指导老师的任务安排，配合不默契扣（2分） | | | | |
| | 4. 严禁携带食物和饮料进入教室（4分），违规一次扣（0.5分） | | | | |
| | 5. 爱护教室的一切设施，不得乱涂、乱写、乱刻（4分），违规一次扣（1分） | | | | |
| 学习过程（30分） | 1. 主动参与分工协作（10分）<br>2. 经劝说积极参与分工协作（8分）<br>3. 经劝说仍消极参与分工协作（4分）<br>4. 经劝说仍拒绝参与分工协作（0分） | | | | |
| | 1. 跨组积极表达正确观点，具有快速理解沟通的能力（10分）<br>2. 组内积极表达正确观点，具有快速理解沟通的能力（8分）<br>3. 不表达任何观点（0分） | | | | |
| | 1. 能够认真完成实训认任务（10分）<br>2. 能够完成任务（7分）<br>3. 能基本完成任务（3分） | | | | |
| 学习效果（50分）（作品） | 1. 理论知识和实训任务能贯通（15分） | | | | |
| | 2. 理论知识和实际应用相联系（15分） | | | | |
| | 3. 实际操作能与实际应用相连接（20分） | | | | |
| 总　计 | | | | | |

【拓展练习】

上网搜索自动化焊接的方法及相关知识。

# 任务三　表面贴装元器件的手工焊接

【教学目标】

一、知识目标

（1）掌握表面贴装元器件焊接的方法和步骤。

(2)学会用电烙铁进行表面贴装元器件的焊接。

(3)掌握表面贴装元器件的安装工艺。

二、技能目标

(1)掌握表面贴装元器件的手工焊接方法。

(2)掌握表面贴装元器件的安装工艺。

(3)掌握表面贴装元器件的正确识读方法。

三、职业素养目标

(1)引导学生逐步养成良好的工作作风,严谨细致的科学态度,通过学习培养学生良好的职业素养及综合职业能力。

(2)有能吃苦耐劳,有安全的责任心。

(3)工作踏实、诚实守信、善于沟通合作,服从组织领导。

【教学场景】

多媒体、电工实训室。

【任务描述】

表面贴装元器件的手工焊接。

【相关知识】

分立元件的手工焊接步骤。

展示一个贴片元件的电路板图片或实物(见图5-3-1)。

(a) (b)

图5-3-1 贴片元件的电路板图片

贴片元件如何焊接呢？

一、活动一：教师展示并讲解焊接技巧

教师展示多媒体课件中贴片元器件的焊接过程并讲解焊接技巧(教师强调与分立

元件焊接的区别）。

SMT 元器件的引脚间距小，焊接时应使用尖锥式的恒温电烙铁。其焊接步骤如图 5-3-2 所示。

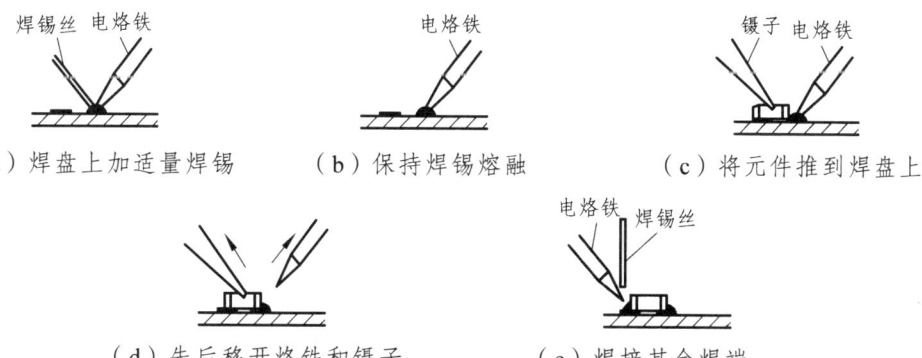

图 5-3-2　贴片元件焊接步骤

SMT 元器件焊接步骤：
（1）在一个焊盘上加适量焊锡。
（2）将电烙铁顶压在镀锡的焊盘上，使焊锡保持熔融状态。
（3）用镊子夹着元器件推到焊盘上后，电烙铁离开焊盘。
（4）待焊锡凝固后，松开镊子。
（5）再用五步焊接法焊接其余焊端。

## 二、活动二：教师演示焊接过程

教师演示 SMT 元器件的焊接过程，学生观察并学习
（1）教师分步骤演示并讲解。
（2）学生动手体验并练习。
练习：
（1）用电路板练习两端贴片元器件的手工焊接。
（2）用电路板练习集成电路元器件的手工焊接。

## 三、活动三：教师引导学生

教师引导学生通过图片或实物来总结表面安装技术的特点及表面安装印制电路板的特点，教师补充。

### （一）表面安装技术的特点

表面安装与通孔安装相比，主要优点有：高密度、高可靠、高性能、高效率、低成本等特点。

## （二）表面安装印制电路板（SMB）

表面安装印制板与安装插入引线元件的印制板相比，有下面一些主要特点。

（1）小孔径：采用表面安装元器件后，印制板上的金属化孔不再作插入元器件引线用，仅仅作为电气互连用，因此可尽量减小孔径。

（2）高密度布线：（与分立元器件的电路板比较让学生体会）

（3）高精度、高平整光洁度：

（4）高稳定性：SMB 尺寸稳定性要好，安装的无引线芯片载体和基板材料的热膨胀系数要匹配。

（5）多层板：为提高 SMT 装配密度，SMB 层数不断增加，在大型电子计算机中的 SMB 的层数可达近百层（如课件演示）。

（6）采用盲孔和埋孔技术。埋孔是在多层板内部连接两个或两个以上内层的镀覆孔。盲孔是连接多层板外层与一个或多个内层向镀覆孔。

活动二：学生总结自己上网收集表面贴装材料的情况，教师通过学生总结的情况重点介绍焊膏及助焊剂。

## （三）表面贴装材料

### 1. 焊膏

焊膏是由合金焊料粉末和糊状助焊剂等物质构成的均匀混合的一种膏状体，焊膏涂覆是表面组装技术的一道关键工序，它将直接影响到表面组装件的焊接质量和可靠性。

（1）SMT 对焊膏的要求。

① 应用前具有的特性：

具有较长的贮存寿命，吸湿性小、低毒、无臭、无腐蚀性。

② 涂布时以及回流焊预热过程中具有的特性：

能采用丝网印刷、漏版印刷或注射滴涂等多种方式涂布，在印刷或涂布后以及在再流焊预热过程中，焊膏应保持原来的形状和大小，不产生堵塞。

③ 再流焊加热时具有的特征：

良好的润湿性能。要正确选用焊剂中活性剂和润湿剂成分，以便达到润湿性能要求，不发生焊料飞溅。

④ 再流焊后具有的特性：

具有较好的焊接强度，确保不会因振动等因素出现元器件脱落。

（2）焊膏的选用。

① 具有优异的保存稳定性。

② 具有良好的印刷性（流动性、脱版性、连续印刷性）。

③ 印刷后在长时间内对 SMD 持有一定的粘合性。

④ 焊接后能得到良好的接合状态（焊点）。

⑤ 其焊接成份，具有高绝缘性，低腐蚀性。
⑥ 对焊接后的焊剂残渣有良好的清洗性，清洗后不可留有残渣成份。

2. 助焊剂

助焊剂在 SMT 焊接中的作用是净化焊接面、提高润湿性、防止焊料氧化的化学物质，在焊接工艺中能帮助和促进焊接过程。

（1）助焊剂的作用。
① 溶解被焊母材表面的氧化膜。
② 防止被焊母材的再氧化。
③ 降低熔融焊料的表面张力。

（2）助焊剂应具备的性能。
① 助焊剂应有适当的活性温度范围。
② 助焊剂应有良好的热稳定性，一般热稳定温度不小于 100 ℃。
③ 助焊剂的密度应小于液态焊料的密度。
④ 助焊剂的残留物不应有腐蚀性且容易清洗。

### （四）表面安装工艺

1. 表面安装的方式

通常情况下，印制电路板上既有表面贴装元器件，也有通孔安装元器件，因此，表面安装有单面表面贴装、双面表面贴装、单面混合安装、双面混合安装等四种形式。如图 5-3-3 所示。

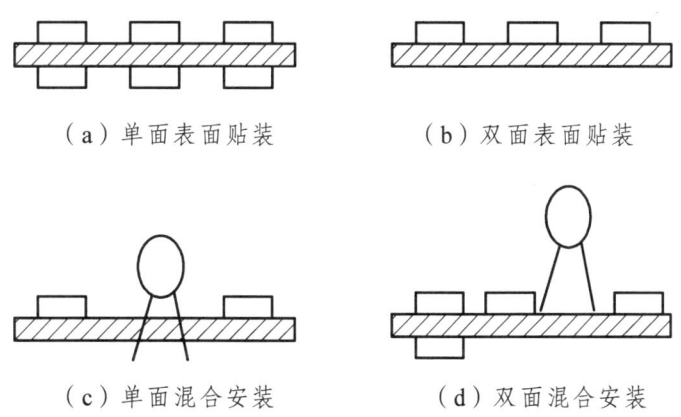

（a）单面表面贴装　　　　　（b）双面表面贴装

（c）单面混合安装　　　　　（d）双面混合安装

图 5-3-3　表面安装的方式

2. 安装流程

不同的安装方式有不同的工艺流程，总体来说，表面贴装的工艺流程是：
固定基板→焊接面涂敷焊膏→贴装片状元器件→烘干→回流焊→清洗→检测→返修。

## 【任务实施】

### 一、训练器材

电烙铁、表面贴装元件、印制电路板若干、焊锡丝、焊锡膏及其他焊接工具。

### 二、训练内容

（1）了解表面贴装焊接方法和焊点要求。

（2）表面贴装元件的焊接。

### 三、训练方法

教师巡回指导，学生练习。

## 【任务评价】

考核标准为百分制，每部分考核标准分数如表 5-3-1 所示：

表 5-3-1 考核标准

班级：　　　姓名：　　　组别：　　　学号：　　　得分：

| 评价指标 | 主要观测点 | 自评（20%） | 互评（20%） | 师评（60%） | 小计 |
|---|---|---|---|---|---|
| 学习态度（20分） | 1. 学习前必须认真预习学习内容，明确学习目的（4分）。没有预习（0分） | | | | |
| | 2. 进入教室后，在教室内严禁高声喧哗和闲聊（4分），违规一次扣（0.5分） | | | | |
| | 3. 进入教室后，服从指导教师的任务安排，配合默契（4分）；不服从指导老师的任务安排，配合不默契扣（2分） | | | | |
| | 4. 严禁携带食物和饮料进入教室（4分），违规一次扣（0.5分） | | | | |
| | 5. 爱护教室的一切设施，不得乱涂、乱写、乱刻（4分），违规一次扣（1分） | | | | |
| 学习过程（30分） | 1. 主动参与分工协作（10分）<br>2. 经劝说积极参与分工协作（8分）<br>3. 经劝说仍消极参与分工协作（4分）<br>4. 经劝说仍拒绝参与分工协作（0分） | | | | |
| | 1. 跨组积极表达正确观点，具有快速理解沟通的能力（10分）<br>2. 组内积极表达正确观点，具有快速理解沟通的能力（8分）<br>3. 不表达任何观点（0分） | | | | |
| | 1. 能够认真完成实训任务（10分）<br>2. 能够完成任务（7分）<br>3. 能基本完成任务（3分） | | | | |

续表

| 评价指标 | 主要观测点 | 自评（20%） | 互评（20%） | 师评（60%） | 小计 |
|---|---|---|---|---|---|
| 学习效果（50分）（作品） | 1. 理论知识和实训任务能贯通（15分） | | | | |
| | 2. 理论知识和实际应用相联系（15分） | | | | |
| | 3. 实际操作能与实际应用相连接（20分） | | | | |
| 总　计 | | | | | |

## 【拓展练习】

上网搜集识别表面贴装电阻及电容的方法？

# 项目六　电子元器件检测维修实例

## 任务一　收音机的安装与调试

### 【教学目标】

一、知识目标

（1）读懂原理图和装配图。
（2）掌握用万用表检测各种电子元器件的方法。
（3）按照装配图安装、焊接收音机，了解电子产品的生产制作过程。
（4）掌握收音机的调试方法。

二、技能目标

（1）通过电路图，初步掌握简单电路元件装配。
（2）通过本任务检验焊接技术及对故障的诊断和排除。
（3）掌握收音机的调试方法

三、职业素养目标

（1）培养学生用客观的眼光看问题，培养学生严谨认真的工作态度。
（2）具有较强的专业基础知识和专业技能，能在工作实践中不断提高专业技术水平，能及时捕捉本专业新技术、新知识，了解该领域发展动态和方向。
（3）具有较强的实践技能，具备一定的分析和解决本专业实际问题能力，具有初步的组织管理能力，具有一定的生产管理和技术管理能力。

### 【教学场景】

多媒体、电子实训室。

### 【任务描述】

广播电台播出节目的过程是这样的，首先把声音通过话筒转换成音频电信号，经放大后被高频信号（载波）调制，这时高频载波信号的某一参量随着音频信号作相应的变化，使我们要传送的音频信号包含在高频载波信号之内（这一过程称为调制，有调幅 AM、调频 FM 和调相 PM 三种类型）。高频信号再经放大，高频电流流过天线时，形成无线电波向外发射，无线电波传播速度为 $3\times10^8$ m/s，这种无线电波被收音机天线接收，然后经过放大、解调，还原为音频电信号，送入喇叭音圈中，引起纸盆相应的振动，就可以还原声音。

## 【相关知识】

FM、AM 是根据频率对广播的一种分类方式。一般来说 AM 频率的电台是相对于远距离传播的节目用的，其辐射范围大，是长波，多为一些大电台采用的方式，比如说美国之音，中央台节目等，但是其收听效果不好，音质差，我们称为调幅广播。FM 则与之相反，其辐射范围小，多在几十公里之内，比如一些城市、学校电台节目，其针对性较强，我们平时听的广播节目多为此类，称为调频广播，音质较好。

### 一、收音机的电路结构

其电路结构如图 6-1-1 所示。

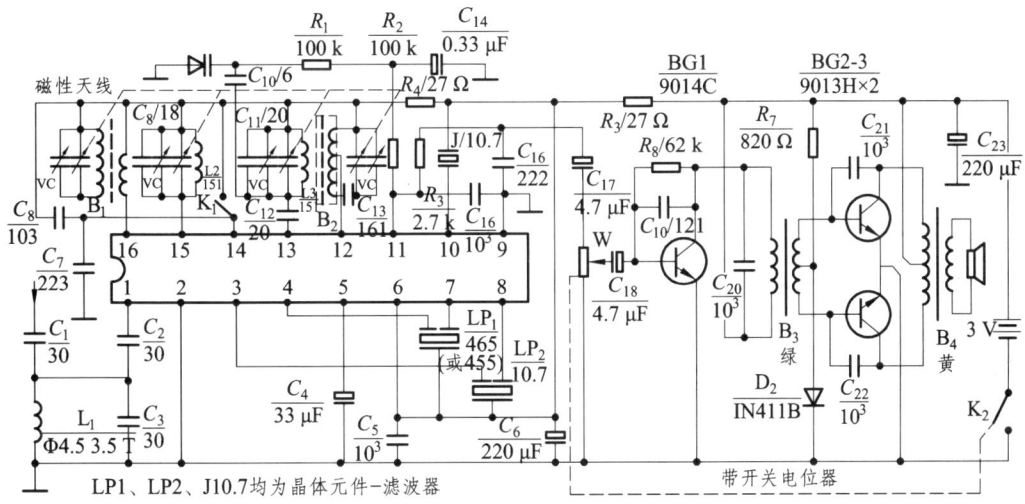

图 6-1-1　电路采用单片集成电路完成调幅调频接收和信号处理

### 二、收音机的工作原理

#### （一）收音机简介

目前调频式或调幅式收音机，一般都采用超外差式，超外差式收音机具有灵敏度高、工作稳定、选择性好及失真度小等优点。超外差式 AM/FM 收音机能够把接收到的高频信号，都变换成固定的中频信号进行放大检波。由于中频频率比变换前的信号频率低，而且频率固定不变，所以任何电台的信号都能得到相等的放大量，同时总的放大量也可以较高。

振荡器产生一个始终比接收信号高一个中频频率的振荡信号，在混频器内利用晶体管的非线性将振荡信号与接收信号相减产生一个新的频率即中频，这就是"外差"。

为了获得较好的选择性和灵敏度，在获得中频信号以后在加以放大，即中频放大，这样接收质量大大提高，这就是超外差式电路。它有如下几个优点：

（1）由于变频后为固定的中频，频率比较低，容易获得比较大的放大量，因此灵敏度可以做得很高。

（2）由于外来高频信号都变成了一种固定的中频，这样就容易解决不同电台信号放大不均匀的问题。

（3）由于采用"差频"作用，外来信号必须和振荡信号相差为预定的中频才能进入电路，而且选频回路、中频放大谐振回路又是一个良好的滤波器，其他干扰信号就被抑制了，从而提高了选择性。

## （二）超外差式 AM/FM 收音机原理

工作原理如图 6-1-2 所示。

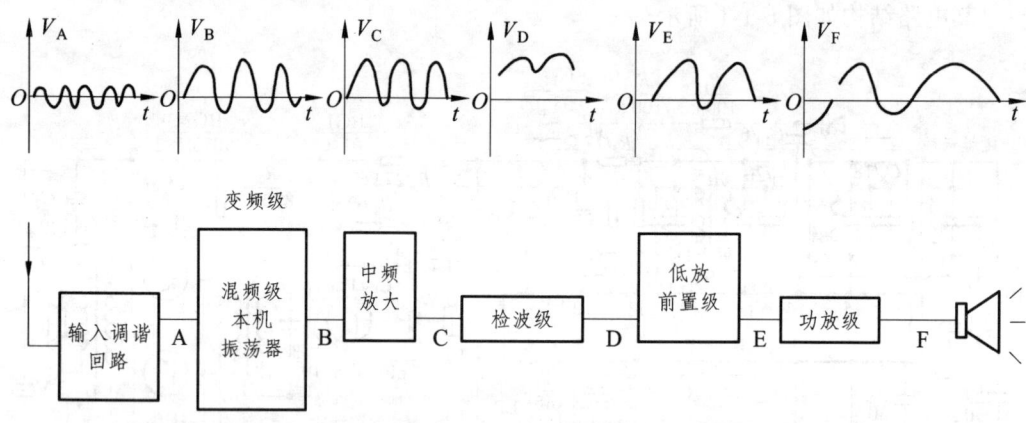

图 6-1-2　超外收音机的工作原理方框图

### 1. AM 收音机原理

AM 收音机有直放式和超外差式，直放式灵敏度低，原理结构简单，就是有调谐电路选出一个频率的电波，经过高频放大，放大高频，再进行检波还原音频，最后进行音频功率放大，经扬声器输出。超外差式灵敏度高，电路较简单，也是先用调谐电路选出电波，送到高频放大，有的直接进行变频。所谓变频就是由本级产生一个可以变化的频率，用一个晶体管把外来信号和本振信号混合，产生两信号相加、相减等频率，而后由中频变压器选出相减的信号进行放大，这个频率是固定的 465 kHz，由于所有送进收音机的信号都是一个固定频率，灵敏度高，465 kHz 的信号送进中频放大，每一级耦合都用中频变压器，其他信号被屏蔽了，保证了收音机的品质，再经过检波还原音频，加上两级音频放大和功率放大，经扬声器输出。

### 2. FM 收音机原理

现代 FM 收音机多使用集成电路，制造结构原理十分简单，不多赘述。FM 收音机的选台与 AM 收音机原理相同，使用电调谐的收音机主要靠一个变容二极管完成，输入的信号先经过鉴频级把调频波变成调幅波，后面的电路与直放式 AM 收音机原理相同。

## 三、收音机的主要技术指标

### （一）频率范围

调频 FM：70~80 MHz

调幅 AM：中波 MW：530~1600 kHz

### （二）灵敏度

灵敏度的定义：收音机正常工作（即输出功率和输出信噪比达到额定值）时，天线上感应的最小信号（场强或电势）称为灵敏度。它反映收音机接收微弱信号的能力。

使用外接天线或拉杆天线时，灵敏度用电势表示，单位符号是 μV：

（短波）SW 型的灵敏度优于 30 μV；

使用磁性天线接收信号时，用电场强度来表示，其单位符号是 mV／m：

（中波）MW 型的灵敏度优于 3 mV/m。

### （三）选择性

收音机抑制邻近电台信号干扰、选择有用信号的能力称为选择性。它反映收音机选择电台的能力。选择性是选择信号的能力，调幅广播电台的中心频率是按 9kHz 间隔来分布的，故收音机的选择性通常用输入信号失谐±9 kHz 时，灵敏度的衰减程度来衡量。一般要求收音机的选择性大于 20 dB。

### （四）失真度

收音机输出波形与输入波形相比失真的程度称为失真度。收音机中对音质有影响的主要是频率失真和非线性失真。DAKNG9701 型 AM/FM 收音机的失真度＜10%。

### （五）波段覆盖范围

收音机所能接收的载波频率范围。调幅收音机的中波段频率范围为 525~1605 kHz，而短波范围则为 2.2~26 MHz，调频收音机的覆盖范围为 88~108 MHz。

## 四、收音机的元件选择

原件明细如表 6-1-1 所示。

表 6-1-1　原件明细表

| 名称 | 数量 | 名称 | 数量 | 名称 | 数量 |
| --- | --- | --- | --- | --- | --- |
| 电阻器 | 7 | 变容二极管 | 1 | 小轮 | 1 |
| 电位器 | 1 | 二极管 | 1 | 不干胶圆片 | 1 |
| 圆片电容 | 17 | 三极管 | 2 | 细线 | 5条 |
| 电解电容 | 6 | 波段开关 | 1 | 集成电路 | 1 |

续表

| 名称 | 数量 | 名称 | 数量 | 名称 | 数量 |
|---|---|---|---|---|---|
| 四联可变 | 1 | 焊片 | 1 | 集成电路座 | 1 |
| 空心线圈 | 3 | 丝管 | 4 | 线路板 | 1 |
| 中周 | 1 | 3X6自攻丝 | 1 | 拉杆天线 | 1 |
| 变压器 | 2 | 正极片 | 1 | 说明书 | 1 |
| 磁棒 线圈 | 1+1 | 负极弹簧 | 1 | 机壳带喇叭 | 1套 |
| 磁棒支架 | 2 | 正负极连簧 | 1 | | |
| 滤波器 | 3 | 大轮 | 1 | | |

### 五、电子产品一般安装过程

设计出一个电子电路或者接到一个要加工制作的电子电路，首先要分析清楚所用元器件和电路结构，然后按要求进行装配。一般按如下步骤进行：

#### （一）印制电路板（PCB）

传统的方法是人工设计，既麻烦费工又容易出错，质量也不能保证，现在大多用电路设计软件，通过电脑进行设计，并进行仿真试验，直到达到满意效果。印制电路板的设计要求是：正确、可靠、合理、经济。设计印制电路板时要充分考虑到元件的尺寸大小和结构形状，以便合理安排位置。然后进行批量印制（包括导线、焊盘甚至元件）。

#### （二）安装焊接

把元件按一定顺序焊接在电路板上。有两种焊接顺序：一种是不管电路原理，将元件按大小顺序依次安装在电路板上，即先安装最大、最高的元件，然后安装小型元件，以最大、最高元件作为参考，小元件不要超过大元件的高度；另一种顺序是依电路原理分模块焊接电路，并在焊完一个模块后立即进行局部电路的调试。

#### （三）检查焊接质量

在通电之前，要对焊接好的电路板进行仔细检查，看看有没有错误（焊错、漏焊、接反等）、虚焊、元件有无碰极、电路板上有无焊锡珠等。

#### （四）调试

确认无误后，方可通电试验。利用相关仪器仪表对电路的性能指标进行测试，或排除故障。

1. 调试说明

收音机的交流调试主要是调整各振荡电路的谐振频率是否正确，调试步骤：

(1) 调试条件。

在调试前必须确保收音机焊接完毕并能接收到沙沙的电流声（或电台），若听不到电流声或电台，应先检查电路的焊接有无错误、元件有无损坏，直到能听到声音才可做以下的调整实验。

(2) 低放部分调试。

遵循从后向前调的原则，如若有声音产生，则"开口"，说明低放设备没问题。

(3) 中高频部分调试。

中频：AM 455 kHz　　　高频-变频器：本振
　　　FM 10.7 MHz　　　混频器

2. 调试方法

(1) 信号与收音机直接相连，在示波器上观察输入波形。

(2) 空间耦合：信号源使用环形天线向外辐射电磁波，收音机收到信号，在示波器上观察输出波形。

3. 调试步骤

(1) 校中频频率。

将收音机置 AM 中波段，信号源载波频率 455 kHz，1 kHz 调制信号，将信号源输出线靠近中波天线 LA，示波器连扬声器前端，示波器应该看到 1 kHz 音频信号，这时候调整 T2（AM 中频变压器）使示波器波形最大。

(2) 校 FM 中频。

将收音机置 FM 中波段，信号源载波频率 10.7 MHz，1 kHz 调制信号，将信号源输出线靠近 FM 天线（拉杆天线），示波器连扬声器前端，示波器应该看到 1 kHz 音频信号，这时候调整 T1（FM 鉴频线圈）使示波器波形最大。

4. 调整频率范围（拉覆盖）

(1) 调 AM 频率范围（525～1605 kHz）。

将开关置 AM 中波段，指针调制最左端（525 kHz），信号源产生 525 kHz 载波、1 kHz 调制信号，信号源输出线靠近磁棒天线 LA，示波器连在扬声器前端，应该看到 1 kHz 音频信号，调 AM 中波振荡线圈 T5。

指针调到最右端（1605 kHz），信号源产生 1605 kHz 载波、1 kHz 调制信号，信号源输出线靠近磁棒天线 LA，示波器应该看到 1 kHz 音频信号，调 AM 振荡回路电容 $C_4$ 使其达到最佳效果。

本步骤重复 2 到 3 次，并遵循低端调电感，高端调电容的原则反复进行调试。

(2) 调 FM 频率范围（70～108 MHz）。

将开关置 FM 波段，指针调制最左端（70 MHz），信号源产生 70 MHz 载波、1 kHz 调制信号，示波器连在扬声器前端，示波器应看到 1 kHZ 的音频信号，此时调 FM 振

荡线圈 $L_4$，使其达到最理想状态。

指针调到最右端（108 MHz），信号源产生 108 MHz 载波、1 kHz 调制信号，示波器连在扬声器前端，示波器应看到 1 kHz 的音频信号，此时调 FM 振荡回路电容 $C_2$ 使其达到最佳效果。

本步骤重复 2 到 3 次，并遵循低端调电感，高端调电容的原则反复进行调试。

5. 调频率跟踪（统调）

（1）AM 中波段统调（600 kHz，1500 kHz）。

将开关置 AM 中波段处，指针调到偏左端 600 kHz 处，信号源产生载波 600 kHz、调制信号为 1 kHz 的调制信号，当示波器看到解调后的 1 kHz 音频信号时，调 AM 中波段输入回路电感 LA，使示波器输出波形最大、或听到的收音机的声音最响最清晰。

指针调到偏右端 1500 kHz 处，信号源产生载波 1500 kHz，调制信号为 1 kHz 的调制信号，当示波器上应该看到解调后的 1 kHz 音频信号时，调 AM 输入回路电容 $C_3$，使示波器输出波形最大、或听到的收音机的声音最响最清晰。

此过程重复 2 到 3 次，并遵循低端调电感，高端调电容的原则。

（2）FM 段统调（80 MHz，100 MHz）。

将开关置 FM 段，指针调到偏左端 80 MHz 处，信号源产生载波 80 MHz，调制信号为 1 kHz 的调制信号，当示波器上看到 1 kHz 音频信号时，调 FM 输入回路电感 $L_3$，使示波器输出波形最大、或听到的收音机的声音最响最清晰。

指针调到 100 MHz 处，信号源产生 100 MHz，1 kHz 调制信号，示波器应该看到 1 kHz 音频信号，调 FM 输入回路电容 $C_1$，使示波器输出波形最大、或听到的收音机的声音最响最清晰。

此过程重复 2 到 3 次，并遵循低端调电感，高端调电容的原则。

（五）装配机盒

（六）完成文档材料

写出安装、调试报告。

## 六、常见故障分析

焊接完毕，仔细检查电路是否有虚焊、假焊和短路的地方。电阻是否有阻值接错的，电容、发光二极管是否有正负极反了的，三极管的 e、b、c 脚接对了没有，中周的型号是否有误等。逐步分析，发现错误及时纠正，以免通电后烧坏元件。一般安装没问题的收音机均能正常收听广播。现列举几个常见故障及分析处理方法。

（一）变频部分

判断变频级是否起振。用万用表直流 2.5 V 档测量本振级（本振管射极或相应点）

电位,然后用手摸双联,万用表指针应有摆动,说明电路工作正常,否则说明电路中有故障。变频级工作电流不宜太大,否则噪声大。振荡线圈外壳两脚均应折弯焊牢良好接地。

### (二)中频部分

中频变压器序号位置弄错,结果是灵敏度和选择性降低,有时有自激。

### (三)低频部分

输入、输出变压器位置弄错,虽然工作电流正常,但音量很低;输出级三极管集电极(C)和发射极(E)弄错,工作电流调不上,音量极低。

## 七、超外差式收音机检测修理方法

### (一)检测前提

安装正确、元器件无差错、无缺焊、无错焊及搭焊。

### (二)检查要领

一般由后级向前检测,先检查低功放级,再看中放和变频级。

### (三)检测修理方法

1. 整机静态总电流测量

本机静态总电流≤25 mA,无信号时,若大于 25 mA,则该机出现短路或局部短路,无电流则电源没接上。

2. 工作电压测量

总电压 3 V。

各关键点电压应与参考值相近。

二极管导通电压应正确,如不正确可能是极性接反或已损坏,检查二极管。

三极管各极电位应根据其工作状态来确定,处于放大状态的三极管要测量其各极电位是否使三极管处于放大状态,即发射极正偏,集电极反偏。

3. 变频级无工作电流

检查点:无线线圈次级未接好;集成电路没接好;本振线圈(红)次级不通,电阻 $R_1$ 100 kΩ 和 $R_2$ 2 kΩ 接错或虚焊。

4. 中放无工作电流

检查点:集成电路;外围电阻未接好;中周次级开路;电容短路;电阻开路或虚焊。

5. 低放级无工作电流

检查点：输入变压器初级开路；三极管坏或接错管脚；电阻未接好或三极管脚错焊。

6. 低放级电流太大（大于 6 mA）

检查点：偏置电阻太小。

7. 功放级无电流

检查点：输入变压器次级不通；输出变压器不通；功放三极管坏或接错管脚；电阻未接好；二极管短路等。

8. 功放级电流太大（大于 20 mA）

检查点：二极管 $D_4$ 坏，或极性接反，管脚未焊好；电阻装错了，用了小电阻。

9. 整机无声

检查点：检查电源有无加上；有无静态电流≤25 mA；检查各级电流是否正常；用万用表电阻×1 档测查喇叭，表棒接触喇叭引出接头时应有"喀喀"声，若无阻值或无"喀喀"声，说明喇叭已坏；注意断电试验；音量电位器未打开。

10. 整机无声

用万用表 Ω×1 黑表棒接地，红表棒从后级往前寻找，对照原理图，从喇叭开始顺着信号传播方向逐级往前碰触，喇叭应发出"喀喀"声。当碰触到哪级无声时，则故障就在该级，可用测量工作点是否正常，并检查各元器件，有无接错、焊错、塔焊、虚焊等。若在整机上无法查出该元件好坏，则可拆下检查。

## 八、组装要点（注意事项）

### （一）安装前判断

安装前用万用表初步判别元器件好坏，再将所有元器件上的漆膜、氧化膜清除干净，然后进行搪锡（如元器件引脚未氧化则省去此项），最后将电阻、二极管进行弯脚。

### （二）安装前清洁

将所有元件引脚的漆膜、氧化膜清除干净，按照装配图正确插入元件，其高低、极性应符合图纸规定。

### （三）焊接

焊接时按电阻、二极管、片电容、晶体三极管、中周、输入输出变压器、电位器、电解电容、双联天线线圈、电池夹引线、喇叭引线顺序焊接，焊点要光滑，大小不要超出焊盘，不能有虚焊、搭焊、漏焊。

§ 项目六　电子元器件检测维修实例 §

## （四）特别提示

二极管、三极管的极性不要接错；输入（绿色）、输出（红色）变压器不能调换位置；红中周 B2 外壳应弯脚焊牢，否则会造成卡调谐盘；黄中周 $B_3$ 外壳一定要焊牢（$C_2$，$C_4$ 的地由 $B_3$ 外壳连通）；将双联 CBM-223P 安装在印刷电路板正面，将天线组合件上的支架入在印刷电路板反面双联上，收音机装配焊接完成后，检查元件有无装错位置，焊点有否错焊、虚焊、桥焊。所有焊元件有无短路或损坏。发现问题及时修理，更正。用万用表进行各级工作电流测量。

## （五）故障分析与处理

1. 检查顺序

由后级向前检测，先检查低功放级，再看中放和变频级。

（1）低频部分：若输入、输出变压器位置装错，虽然工作电流正常，但音量很低；$V_6$、$V_7$ 集电极（C）和发射极（E）装错，工作电流调不上，音量极低。

（2）中频部分：中频变压器序号位置装错，结果会造成灵敏度和选择性降低，有时还会自激。

（3）变频部分：判断变频级是否起振，用万用表直流 2.5 V 档测 $V_1$ 基极和发射极电位，若发射极电位高于基极电位，说明电路工作正常，否则说明电路有故障。变频级工作电流不宜太大。否则噪声大。

2. 检测方法

（1）整机静态总电流测量：本机静态总电流≤25 mA，无信号时，若大于 25 mA，则该机出现短路或局部短路，无电流则电源没接上。

（2）工作电压测量：总电压为 3 V，正常情况下，$D_1$、$D_2$ 两二极管电压在 1.3 ±0.1 V，此电压大于 1.4 V 或小于 1.2 V 时，此机均不能正常工作。大于 1.4 V 时二极管 IN4148 可能极性接反或已坏，检查二极管。小于 1.3 V 或无电压应检查：① 电源 3 V 有无接上；② $R_{12}$ 电阻 220 Ω 是否接对或接好；③ 中周（特别是白中周和黄中周）初级与其外壳短路。

（3）变频级无工作电流。

检查点：① 无线线圈次级未接好；② $V_1$ 三极管已坏或未按要求接好；③ 本振线圈次级不通，$R_3$ 虚焊或错焊接了大阻值电阻；④ 电阻 $R_1$ 和 $R_2$ 接错或虚焊。

（4）一中放无工作电流：

检查点：① $V_2$ 晶体管坏，或（$V_2$）管管脚插错（e、b、c 脚）；② $R_4$ 电阻未接好；③ 黄中周次级开路；④ $C_4$ 电解电容短路；⑤ $PR_5$ 开路或虚焊。

（5）一中放工作电流大（1.5～2 mA，标准是 0.4～0.8 mA）。

检查点：① $R_8$ 电阻未接好或连接 1 kΩ 的铜箔有断裂现象；② $C_5$ 电容短路或 $R_5$ 电阻错接成 51 Ω；③ 电位器坏，测量不出阻值，$R_9$ 未接好；④ 检波管 $V_4$ 坏，或管脚插错。

(6)二中放无工作电流。

检查点:①黑中周初级开路;②黄中周次级开路;③晶体管坏或管脚接错;④$R_7$电阻未接上;⑤$R_6$电阻未接上。

(7)二中放电流太大(>2 mA)。

检查点:$R_6$接错,阻值远小于 62 kΩ。

(8)低放级无工作电流:

检查点:①输入变压器初级开路;②$V_5$三级管坏或接错管脚;③电阻$R_{10}$未接好或三极管脚错焊。

(9)低放级电流太大,大于 6 mA。

检查点:$R_{10}$装错,电阻太小。

(10)功放级无电流($V_6$,$V_7$管)。

检查点:①输入变压器次级不通;②输出变压器不通;③$V_6$,$V_7$三极管坏或接错管脚;④$R_{11}$电阻未接好。

(11)功放级电流太大,大于 20 mA。

检查点:①二极管 $D_4$ 坏,或极性接反,管脚未焊好;②$R_{11}$电阻装错了,用了小电阻 (远小于 1 kΩ 的电阻)。

(12)整机无声。

检查点:①检查电源有无加上;②检查 $D_1$,$D_2$(两端是否是 1.3±0.1 V);③有无静态电流≤25 mA;④检查各级电流是否正常,变频级 0.2±0.02 mA;一中放 0.6±0.2 mA;二中放 1.5±0.5 mA;低放 3±1 mA;功放 4±10 mA(15 mA 左右属正常);⑤用万用表×1 档测查喇叭,应有 8 Ω 左右的电阻,表棒接触喇叭引出接头时应有"喀喀"声,若无阻值或无"喀喀"声,说明喇叭已坏(测量时应将喇叭焊下,不可连机测量);⑥$B_3$黄中周外壳未焊好;⑦音量电位器未打开。

3. 用万用表检查的方法

用万用表 Ω×1 黑表棒接地,红表棒从后级往前寻找。对照原理图,从喇叭开始顺着信号传播方向逐级往前碰触,喇叭应发出"喀喀"声。当碰触到哪级无声时,则故障就在该级,可用测量工作点是否正常,并检查各元器件,有无接错、焊错、塔桥、虚焊等。若在整机上无法查出该元件好坏,则可拆下检查。

【任务实施】

一、实训器材、仪表及工具

(1)工具:电烙铁一个、十字改锥、片改锥各一个、镊子一支。

(2)仪表:指针万用表一台,数字万用表一台。

(3)器材:HX108-2 七管半导体收音机完整组件、焊锡半米、两节 5 号电池、电路图、元件清单。

## 二、注意事项

（1）按照装配图正确插入元件，其高低、极向应符合图纸规定。

（2）焊点要光滑，大小最好不要超出焊盘，不能有虚焊、搭焊、漏焊。

（3）注意二极管、三极管的极性。如图 6-1-3 所示。

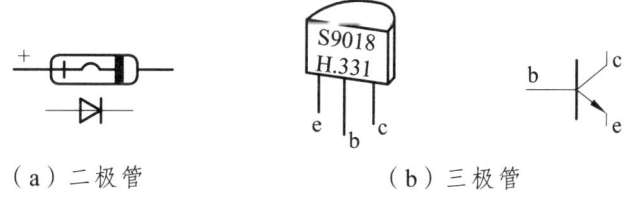

（a）二极管　　　　　（b）三极管

图 6-1-3　二极管、三极管的极性

（4）输入（绿或蓝色）、输出（黄色）变压器不能调换位置。

（5）红中周 $B_2$ 插件后外壳应弯脚焊牢，否则会造成卡调谐盘。

## 三、实训步骤

（1）对元器件清单目录表检查元件是否齐全。

（2）认识识别各种元器件以及认清其作用。

（3）学习收音机调频、调幅的工作原理。

（4）元器件的焊接、安装（安装时应检查元器件的好坏）。

（5）检查电路，将安装好的收音机和电路原理图对照检查下列内容：

① 检查各级晶体管的型号，安装位置和管脚是否正确。

② 检查各级中周的安装顺序，初次级的引线是否正确。

③ 检查电解电容的引线正负接法是否正确。

④ 分段烧制的磁性天线线圈的初次级安装位置是否正确。

⑤ 用指针式万用表 $R×100$ 档测量整机电阻，用红表笔接电源负极，黑表笔接。电源正极引线，测得整机电阻值应大于 500 Ω。

（6）做一些基本的调试。

（7）把应该固定的地方牢固的封住。

（8）把焊接好的电路板与外壳组装。

（9）检查验收。

## 四、HX108-2 收音机安装说明

四联可变电容器的安装：四联有 7 条焊片，其中有 2 条焊片是并在一起插入带（双）字的孔中，插好后，用 2 支螺丝固定好，焊好 6 个焊点。然后安装：波段开关、IC 座、变压器、中周、电阻、二极管、三极管、空心线圈、滤波器、圆片电容、电解电容器、电位器，最后安上磁棒支架，插上磁棒，套上线圈，线圈的头从对应的孔中穿过、焊好。电阻、二极管都是平装，仅贴线路板，其他元件也尽量离近线路板，不要把腿留的太长。焊点要圆滑，不要虚焊和短路。焊完以后，用 5 条引线连上喇叭、电池的正

负极片和固定在后壳上的拉杆天线。在电位器的转柄上安上小拨轮。在四联的转柄上安上大拨轮,参考刻度盘在大拨轮上贴上带红线的圆片,红线即选台指示线。插上集成电路,即可通电试听。

**【任务评价】**

考核标准为百分制,每部分考核标准分数如表6-1-2所示:

表6-1-2 考核标准

班级:　　　姓名:　　　组别:　　　学号:　　　得分:

| 评价指标 | 主要观测点 | 自评(20%) | 互评(20%) | 师评(60%) | 小计 |
|---|---|---|---|---|---|
| 学习态度(20分) | 1. 学习前必须认真预习学习内容,明确学习目的(4分),没有预习(0分) | | | | |
| | 2. 进入教室后,在教室内严禁高声喧哗和闲聊(4分),违规一次扣(0.5分) | | | | |
| | 3. 进入教室后,服从指导教师的任务安排,配合默契(4分);不服从指导老师的任务安排,配合不默契扣(2分) | | | | |
| | 4. 严禁携带食物和饮料进入教室(4分),违规一次扣(0.5分) | | | | |
| | 5. 爱护教室的一切设施,不得乱涂、乱写、乱刻(4分),违规一次扣(1分) | | | | |
| 学习过程(30分) | 1. 主动参与分工协作(10分) 2. 经劝说积极参与分工协作(8分) 3. 经劝说仍消极参与分工协作(4分) 4. 经劝说仍拒绝参与分工协作(0分) | | | | |
| | 1. 跨组积极表达正确观点,具有快速理解沟通的能力(10分) 2. 组内积极表达正确观点,具有快速理解沟通的能力(8分) 3. 不表达任何观点(0分) | | | | |
| | 1. 能够认真完成实训任务(10分) 2. 能够完成任务(7分) 3. 能基本完成任务(3分) | | | | |
| 学习效果(50分)(作品) | 1. 读懂电路原理图及装配图,正确检测电子元器件(15分) | | | | |
| | 2. 按图纸正确焊接电路板(15分) | | | | |
| | 3. 作品调试成功(20分) | | | | |
| 总　计 | | | | | |

**【拓展练习】**

(1)什么是调幅波?什么是调频波?

（2）电子产品安装的一般过程是什么？

（3）掌握了一定的焊接技术与简单电路元器件的识别、装配，并对故障的诊断和排除有了一定的检测和解决故障的能力及方法。

（4）熟悉电子电路安装、焊接工艺的基本知识和原理，初步掌握焊接技术并且能正确地安装、焊接一台正规的收音机，并能对其进行相关的调试。

（5）学会编制简单电子产品工艺文件，能按照行业规程要求。

## 任务二　声控开关电路的组装与调试

### 【教学目标】

一、知识目标

（1）读懂原理图和装配图。

（2）掌握用万用表检测各种电子元器件的方法。

（3）按照装配图安装、焊接安装声控开关。

二、技能目标

（1）通过电路图，初步掌握简单电路元件装配。

（2）通过本任务检验焊接技术及对故障的诊断和排除。

（3）学会安装声控开关灯电路。

三、素养目标：

（1）培养学生用客观的眼光看问题，培养学生严谨认真的工作态度。

（2）能吃苦耐劳，有安全责任心。

（3）工作踏实、诚实守信、善于沟通合作，服从组织领导。

### 【教学场景】

多媒体、电子实训室。

### 【任务描述】

声控开关，全称是声控延时开关，是一种内无接触点，在特定环境光线下采用声响效果激发拾音器进行声电转换来控制用电器的开启，并经过延时后能自动断开电源的节能电子开关。

### 【相关知识】

本产品可用于各类楼道、走廊、卫生间、阳台、地下室车库等场所的自动延时照明。

#### 一、声控开关的概念

通常的声控开关，多是由分立元件组成，其缺点是元件较多，组装与调试都较麻烦。如果采用声控专用集成电路，则结构简单、工作稳定可靠。这是因为巧妙地利用了集成电路的内部结构，使它具有延时功能，只要拍一下手掌或喊一声，电灯就会立即点亮，经一段时间后电灯便自行熄灭，适于楼梯过道等处安装，有利于节约用电。

## 二、声控开关的功能

### （一）发声启控

在开关附近用手或其他方式（或吹口哨、喊叫等）而发出一定声响，就能立即开启灯光及用电器，得心应手。

### （二）延时自关

开关一旦受控开启便会延时数十秒后自动关断，减少不必要的电能浪费，实用方便。

### （三）延时用电器使用寿命

声控开关可控制回路采用电子元件，无接触触点，可消除浪冲电流及火花。

## 三、声控开关的工作原理

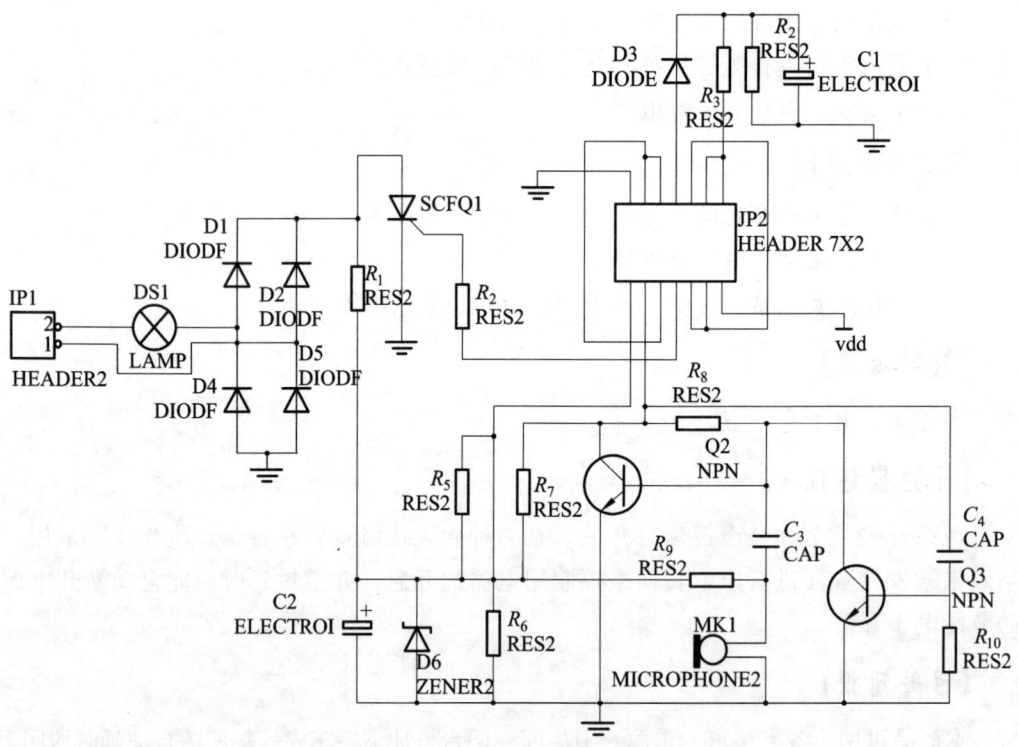

图 6-2-1　声控开关的工作原理

工作原理如图 6-2-1 所示。

§ 项目六　电子元器件检测维修实例 §

声控开关内部有光敏电阻、碳晶咪头、晶闸管、三极管、电容器等电子元件。

声控开关一般都是串接在白炽灯泡电路中的。220 V 交流市电经过灯泡送达声控开关。开关内部有一个整流桥。可以将交流电整流成直流电。因为电子元件都是使用直流电的。

白天，光敏电阻的阻值较小，就会屏蔽掉咪头的信号输入。这样即使有很大的声音，光敏电阻的下拉导致信号也无法继续传送，所以白天灯不亮。

夜晚，光敏电阻阻值变大。此时如果有较大的声音的话，声音会通过咪头转化为电信号，然后后级的放大电路将此小信号放大，推动晶闸管导通，此时灯泡就会点亮。在晶闸管驱动电路中有一个阻容放电电路，这个电路就是延时电路。电容值的大小和电阻值的大小都会影响到延时量的变化。当电容器中的电荷放尽的时候，晶闸管就会在交流过零后自动关闭，此时灯泡就会熄灭了。

## 四、性能参数测试

（1）元件测试，如表 6-2-1 所示。

表 6-2-1　测试表

| 元器件 | 识别及检测内容 | |
|---|---|---|
| 电阻器 2 支 | | 标称值（含误差） |
| | 蓝灰黑橙棕（五环电阻） | |
| | 棕绿黄金（四环电阻） | |
| 电容器 1 支 | 数码标识 | 容量值（UF） |
| | 473 | |
| 光敏电阻 | 所用仪表 | 数字表口<br>指针表口 |

（2）装配完成后，通电测试，利用提供的仪表测试本电路的关键点电压，并填写表格 6-2-2。

表 6-2-2　电路测试表

| 序号 | 测试点 | 测试点电压（V） |
|---|---|---|
| 1 | 稳压二极管 $D_5$ | |
| 2 | 晶闸管 $V_3$ 截止时的压降 | |
| 3 | 晶闸管 $V_3$ 导通时的压降 | |
| 4 | CD4511 第 8 脚电压（黑暗） | |
| 5 | CD4511 第 8 脚电压（光亮） | |

## 五、工艺文件

1. 元件清单

元件清单如表 6-2-3 所示。

表 6-2-3　元件清单

| 序号 | 名称 | 规格/技术参数 | 数量 |
| --- | --- | --- | --- |
| 1 | 晶闸管 |  | 1 个 |
| 2 | 电解电容 | 100 μF | 1 个 |
| 3 | 电解电容 | 22 μF | 1 个 |
| 4 | 无极限电容 | 0.1 μF | 1 个 |
| 5 | 无极限电容 | 0.047 μF | 1 个 |
| 6 | CD4011 |  | 1 个 |
| 7 | 灯泡 |  | 1 个 |
| 8 | 二极管 |  | 5 个 |
| 9 | 话筒 |  | 1 个 |
| 10 | 稳压管 |  | 1 个 |
| 11 | 光敏电阻 |  | 1 个 |
| 12 | 三极管 | 0914 | 2 个 |
| 13 | 电阻 | 150 kΩ | 1 |
| 14 | 电阻 | 10 kΩ | 2 |
| 15 | 电阻 | 47 kΩ | 1 |
| 16 | 电阻 | 910 kΩ | 1 |
| 17 | 电阻 | 1 MΩ | 1 |
| 18 | 电阻 | 9.8 kΩ | 1 |
| 19 | 电阻 | 20 kΩ | 1 |
| 20 | 电阻 | 330 kΩ | 1 |
| 21 | 电阻 | 68 kΩ | 1 |

2. 工具设备清单

工具设备清单如表 6-2-4 所示。

§项目六 电子元器件检测维修实例§

表 6-2-4 设备清单

| 序号 | 名称 | 规格/技术参数 | 型号 | 数量 | 说明 |
|---|---|---|---|---|---|
| 1 | 万用表 | | | 1 | 数字或模拟表 |
| 2 | 示波器 | | DS1022C | 1 | 数字 |
| 3 | 电烙铁 | 25～35 W | | 1 | |
| 4 | 斜口钳 | 130 mm | | 1 | |
| 5 | 镊子 | | | 1 | |
| 6 | 一字起 | | | 1 | |
| 7 | 稳压电源 | | | 1 | |

## 六、画出电路装配图

电路装配如图 6-2-2 所示。

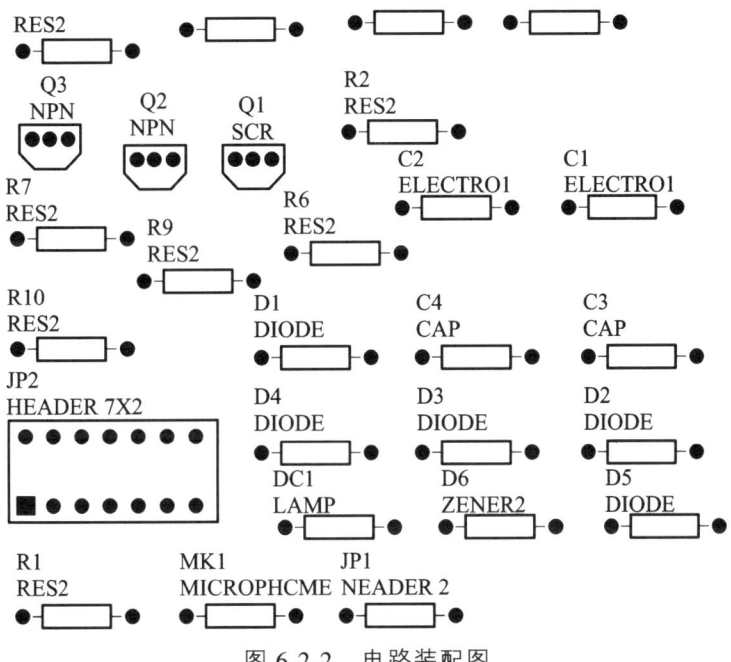

图 6-2-2 电路装配图

## 七、声控开关电路装调的步骤

### (一) 原有开关拆除

将原开关及附属器件拆除。拆卸前应仔细观察其安装及接线情况,避免盲目拆卸造成的开关损坏。

### (二) 清理

(1) 用刷子将接线盒内的杂物清除,将线头上的杂物清理干净。

（2）金属接线盒内表面如锈蚀，应除锈后应及时刷防锈漆，盒内杂物应清理干净。

## （三）接线

（1）接点接触可靠且操作灵活。
（2）电线绝缘电阻测试合格，并有绝缘电阻测试记录。

## （四）安装

（1）先将盒内甩出的导线留出维修长度，削去绝缘层，注意不要伤及线芯。
（2）将导线按顺时针方向盘绕在开关相对应的接线端子上，然后旋紧压头。
（3）如果是单芯线，可将线芯直接插入接线孔内；当孔径大于线径 2 倍时，应回头弯插入接线孔内，再用顶丝压紧，注意线芯不得外露。

## （五）通电运行

（1）声控开关安装完毕，首先进行各支路的绝缘测试，检查开关装配中，导线连接有无断路、短路及绝缘层损伤。
（2）绝缘测试合格后，按区段逐级送电运行。

## 八、声控开关安装注意事项

（1）安装位置尽可能符合环境的实际照度，避免人为遮光或者受其他持续强光干扰。
（2）接线时应严格按照连线标明的符号连接。
（3）安装时采光头应向上垂直安装，且避开所控灯光照射。
（4）要及时或定期擦净采光头的灰尘，以免影响光电转换效果。

## 【任务实施】

声控开关的安装

### 一、实训器材、仪表及工具

（1）工具：电工实验台。
（2）仪表：万用表一台。
（3）器材：元件清单，见表 6-2-3。
（4）工具设备清单，见表 6-2-4。

### 二、实训电路图

如图 6-2-2 所示。

### 三、声控开关实训内容和步骤

（1）原有开关拆除；
（2）清理；
（3）接线；

（4）安装；

（5）通电运行。

## 【任务评价】

考核标准为百分制，每部分考核标准分数如表6-2-4所示：

表6-2-4 考核标准

班级：　　姓名：　　组别：　　学号：　　得分：

| 评价指标 | 主要观测点 | 自评（20%） | 互评（20%） | 师评（60%） | 小计 |
|---|---|---|---|---|---|
| 学习态度（20分） | 1. 学习前必须认真预习学习内容，明确学习目的（4分），没有预习（0分） | | | | |
| | 2. 进入教室后，在教室内严禁高声喧哗和闲聊（4分），违规一次扣（0.5分） | | | | |
| | 3. 进入教室后，服从指导教师的任务安排，配合默契（4分）；不服从指导老师的任务安排，配合不默契扣（2分） | | | | |
| | 4. 严禁携带食物和饮料进入教室（4分），违规一次扣（0.5分） | | | | |
| | 5. 爱护教室的一切设施，不得乱涂、乱写、乱刻（4分），违规一次扣（1分） | | | | |
| 学习过程（30分） | 1. 主动参与分工协作（10分）<br>2. 经劝说积极参与分工协作（8分）<br>3. 经劝说仍消极参与分工协作（4分）<br>4. 经劝说仍拒绝参与分工协作（0分） | | | | |
| | 1. 跨组积极表达正确观点，具有快速理解沟通的能力（10分）<br>2. 组内积极表达正确观点，具有快速理解沟通的能力（8分）<br>3. 不表达任何观点（0分） | | | | |
| | 1. 能够认真完成实训认任务（10分）<br>2. 能够完成任务（7分）<br>3. 能基本完成任务（3分） | | | | |
| 学习效果（50分）（作品） | 1. 读懂电路原理图及装配图，正确检测电子元器件（15分） | | | | |
| | 2. 按图纸正确焊接电路板（15分） | | | | |
| | 3. 作品调试成功（20分） | | | | |
| 总　　计 | | | | | |

## 【拓展练习】

简述声控开关电路的工作原理，画出其电路原理图。

# 任务三　霓虹灯的组装与调试

## 【教学目标】

一、知识目标

（1）理解简易广告跑灯电路的组成及各组成部分的作用，掌握霓虹灯电路的原理。
（2）读懂原理图和装配图。
（3）掌握用万用表检测各种电子元器件的方法。
（4）按照装配图安装、焊接安装霓虹灯。

二、技能目标

（1）学会安装霓虹灯电路。
（2）熟练掌握装配图、电路图的使用方法。
（3）熟练掌握手工焊接技术。

三、职业素养目标

（1）能吃苦耐劳，有安全责任心。
（2）工作踏实、诚实守信、善于沟通合作，服从组织领导。
（3）具有较强的专业基础知识和专业技能，能在工作实践中不断提高专业技术水平，能及时捕捉本专业新技术、新知识，了解该领域发展动态和方向。

## 【教学场景】

多媒体、电子实训室。

## 【任务描述】

霓虹灯由法国物理学家乔尔朱·克罗德在1910年2月3日巴黎汽车展览会上首次展出他的科技成果。1912年，在蒙马尔特14号大街的理发店门口，装置了最早的霓虹灯广告，是用红色的大字组成的"豪华理发店"世界上最早使用一个单词的霓虹灯广告，是在奥斯曼72号大街入口处装置的"钦扎诺"（CINZANO），这是一种意大利产的葡萄酒。霓虹灯广告的普及运用是在本世纪20年代末和30年代初，之后，到50年代霓虹灯广告随着新技术新材料的发明及使用，变得多种多样。到90年代之后，其形式更是繁华多彩。霓虹灯广告成为了一个地区经济繁荣与否的重要显示。

## 【相关知识】

霓虹灯由玻璃管制成，并按照设计要求弯成各种文字和图案，然后在玻璃管两端配制电极（金属电极、芯柱、云母片等组成），抽出空气接近真空状态，根据工艺需要，将管内注入氖或氩等惰性气体，接通专用高压电源后发出各色可见光。

§ 项目六　电子元器件检测维修实例 §

## 一、霓虹灯的概念

霓虹灯是户外广告的主要形式之一，还可以为夜幕增加色彩和动感。装饰霓虹灯时应注意同周围环境及其他广告建筑物协调和谐。并注意保养和检修。

## 二、霓虹灯的功能

霓虹灯由玻璃管制成，并按照设计要求弯成各种文字和图案，然后在玻璃管两端配制铜电极，在管内灌注氖、氩等各种惰性气体，接通高压电源后发出各色光，如图 6-3-1 所示。

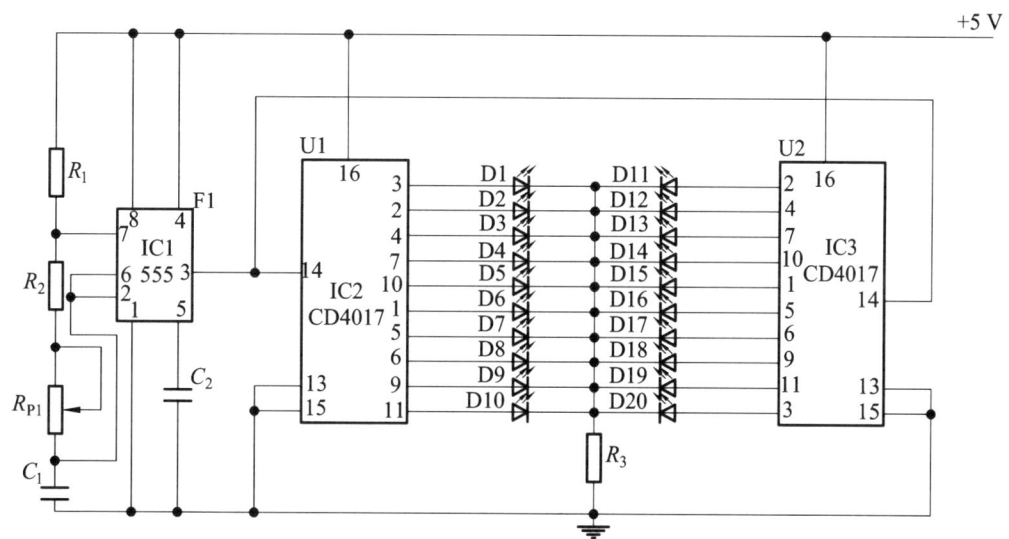

图 6-3-1　霓虹灯的功能

## 三、霓虹灯的工作原理

（1）根据 555 定时器给触发脉冲。

（2）CD4017 计数器进行计数。每一触发脉冲到来就记数，进位灯就亮，一位一位进灯就走起来了。

（3）信号是由电容充放电调节的，可以调节灯亮的频率。

## 四、性能参数测试

（1）元件测试，如表 6-3-1 所示。

表 6-3-1　测试表

| 元器件 | 识别及检测内容 | |
| --- | --- | --- |
| 电阻 1 支 | 色环 | 标称值（含误差） |
| | 红黑黑棕棕（五环电阻） | 2 k±1% |

续表

| 元器件 | 识别及检测内容 | | |
|---|---|---|---|
| 电容 1 支 | 103 | | 0.01 μF |
| 双色 LED | 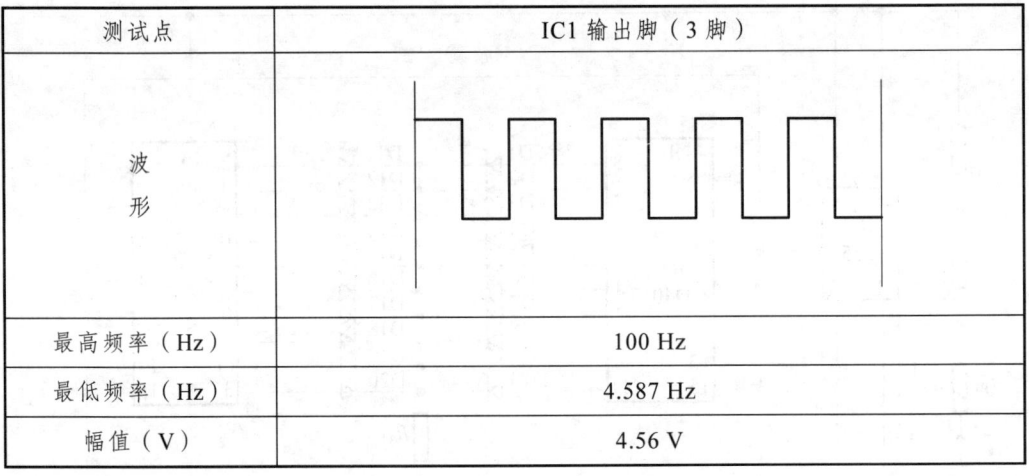<br>123 | 公共端 | 2 脚 |
| | | 极性 | 共阴口<br>共阳口 |

（2）装配完成后，通电测试，利用提供的仪表测试本电路，并填写表格 6-3-2：

表 6-3-2　电路测试表

| 测试点 | IC1 输出脚（3 脚） |
|---|---|
| 波形 | （方波波形图） |
| 最高频率（Hz） | 100 Hz |
| 最低频率（Hz） | 4.587 Hz |
| 幅值（V） | 4.56 V |

## 五、工艺文件

（1）元件清单，如表 6-3-3 所示。

表 6-3-3　元件清单

| 序号 | 名称 | 规格/技术参数 | 数量 |
|---|---|---|---|
| 1 | 电阻 | 1.5 kΩ | 2 个 |
| 2 | 电阻 | 300 Ω | 1 个 |
| 3 | 可变电阻 | 100 kΩ | 1 个 |
| 4 | 电解电容 | 1 μF | 1 个 |
| 5 | 无极限电容 | 0.01 μF | 1 个 |
| 6 | 555 定时器 | | 1 个 |
| 8 | CD4017 | | 2 个 |
| 9 | 双色发光二极管 | | 10 个 |

（2）工具设备清单，如表 6-3-4 所示。

表 6-3-4　设备清单

| 序号 | 名称 | 规格/技术参数 | 型号 | 数量 | 说明 |
|---|---|---|---|---|---|
| 1 | 万用表 |  |  | 1 | 数字或模拟表 |
| 2 | 示波器 |  | DS1022C | 1 | 数字 |
| 3 | 电烙铁 | 25～35 W |  | 1 |  |
| 4 | 斜口钳 | 130 mm |  | 1 |  |
| 5 | 镊子 |  |  | 1 |  |
| 6 | 一字起 |  |  | 1 |  |
| 7 | 稳压电源 |  |  | 1 |  |

## 六、画出电路装配图

电路装配如图 6-3-2 所示。

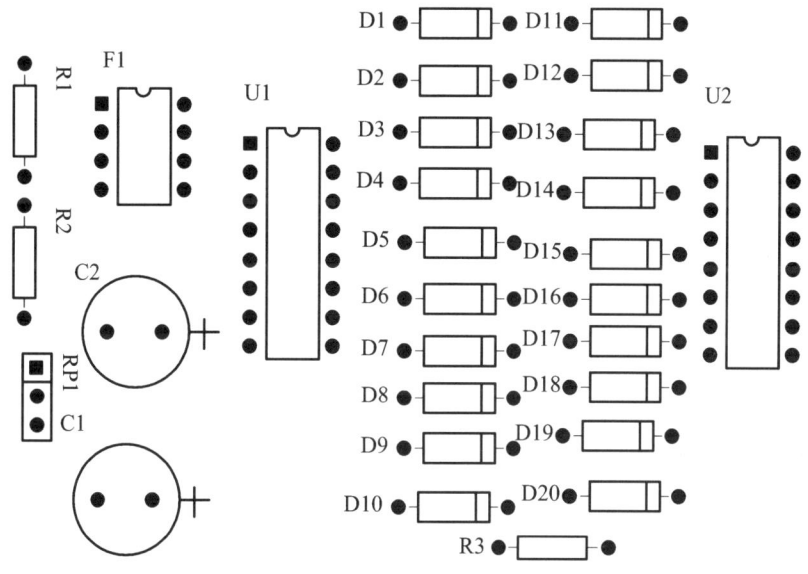

图 6-3-2　电路装配图

## 七、霓虹灯电路装调的步骤

首先，检查电路的线路有没有漏接或者虚焊之类的，避免通电后，造成短路导致板子或元器件的损坏。

然后，检测无误后，接通电源，将板子上的正负端接到稳压电源上。通电后，看发光二极管是否有规律的点亮，如果显示为一种其他颜色时，应该调节一下 $RP_1$ 滑动电阻器阻值，直到有规律显示红绿灯。如果通电后，发光二极管没有亮，就应该检测芯片有没有损坏或有没有进电。如果灯没有按规律点亮，就用示波器检测 555 的 3 脚是不是输出一个正弦波。

最后,测得数值后,切断电源,整理台面。

### 八、霓虹灯电路装调的注意事项

在本次实训中,我们所做的是简易广告跑灯的组装与调试,组成该电路的元器件主要由 555 定时器、CD4017 计数器、电阻,电容器,发光灯构成。通过这次实训,更加了解 555 和 CD4017 的管脚功能和特点,并熟练了焊接技术和一些常用元件的使用,增强写作能力。对各芯片的逻辑功能及使用方法,定时器、计数器电路组成及工作原理也有所掌握。熟悉数电路的焊接、调试,熟悉 555 型集成时基电路结构、工作原理及其特点。

## 【任务实施】

### 一、实训器材、仪表及工具

(1)工具:电工实验台。

(2)仪表:万用表一台。

(3)器材:元件清单。

### 二、霓虹灯电路装调原理图

### 三、霓虹灯电路装调的步骤

## 【任务评价】

考核标准为百分制,每部分考核标准分数如表 6-3-5 所示:

表 6-3-5 考核标准

班级:　　　姓名:　　　组别:　　　学号:　　　得分:

| 评价指标 | 主要观测点 | 自评(20%) | 互评(20%) | 师评(60%) | 小计 |
|---|---|---|---|---|---|
| 学习态度(20分) | 1. 学习前必须认真预习学习内容,明确学习目的(4分),没有预习(0分) | | | | |
| | 2. 进入教室后,在教室内严禁高声喧哗和闲聊(4分),违规一次扣(0.5分) | | | | |
| | 3. 进入教室后,服从指导教师的任务安排,配合默契(4分);不服从指导老师的任务安排,配合不默契扣(2分) | | | | |
| | 4. 严禁携带食物和饮料进入教室(4分),违规一次扣(0.5分) | | | | |
| | 5. 爱护教室的一切设施,不得乱涂、乱写、乱刻(4分),违规一次扣(1分) | | | | |

§项目六　电子元器件检测维修实例§

续表

| 评价指标 | 主要观测点 | 自评(20%) | 互评(20%) | 师评(60%) | 小计 |
|---|---|---|---|---|---|
| 学习过程（30分） | 1. 主动参与分工协作（10分）<br>2. 经劝说积极参与分工协作（8分）<br>3. 经劝说仍消极参与分工协作（4分）<br>4. 经劝说仍拒绝参与分工协作（0分） | | | | |
| | 1. 能够认真完成实训任务（10分）<br>2. 能够完成任务（7分）<br>3. 能基本完成任务（3分） | | | | |
| 学习效果（50分）（作品） | 1. 读懂电路原理图及装配图，正确检测电子元器件（15分） | | | | |
| | 2. 按图纸正确焊接电路板（15分） | | | | |
| | 3. 作品调试成功（20分） | | | | |
| 总　计 | | | | | |

**【拓展练习】**

简述霓虹灯电路的工作原理，画出其电路原理图。

## 任务四　简易电子琴电路的安装与调试

**【教学目标】**

一、知识目标

（1）理解简易电子琴电路的组成及各组成部分的作用。

（2）掌握电子琴电路的基本原理。

（3）读懂电子琴电路的原理图和装配图。

二、技能目标

（1）学会安装简易电子琴电路。

（2）熟练掌握装配图、电路图的使用方法。

（3）熟练掌握手工焊接技术。

三、素养目标

（1）培养学生用客观的眼光看问题，培养学生严谨认真的工作态度。

（2）工作踏实、诚实守信、善于沟通合作，服从组织领导。

（3）具有较强的专业基础知识和专业技能，能在工作实践中不断提高专业技术水平，能及时捕捉本专业新技术、新知识，了解该领域发展动态和方向。

## 【教学场景】

多媒体、电工实训室。

## 【任务描述】

电子琴发展很快，琴的各项功能日趋完善。音色和节奏由最初的几种发展到几百种。除寄存音色外，还可通过插槽外接音色卡。合成器的某些功能，如音色的编辑修改、自编节奏、多轨录音、演奏程序记忆等也运用到电子琴上。

## 【相关知识】

电子乐器的产生，首先是模仿"乐器之王"管风琴（Pipe Organ）。管风琴发明于公元前，鼎盛于17世纪。它是靠水力或人力鼓风，吹响与建筑物一样高大的管子而发音的乐器。

管风琴是大型键盘乐器，结构非常复杂。管风琴有手键盘和脚键盘构成，有些手键盘多达4~5层。一架管风琴的演奏可以和一个管弦乐队媲美。管风琴结构复杂，体积庞大，造价昂贵，受演出场地、环境限制，不易搬动。

### 一、电子琴的概念

电子琴是一种键盘乐器，其实它就是电子合成器。它采用大规模集成电路，大多配置声音记忆存储器（波表），用于存放各类乐器的真实声音波形并在演奏的时候输出。常用的电子琴有编曲键盘（带自动伴奏）和合成器（无自动伴奏）两大类，广义上的电子琴包括电子钢琴（数码钢琴，区别于电声钢琴），多使用五线谱，多为高低音双行记谱。有时也用中音谱和简谱、吉他谱。

### 二、电子琴的功能

电子琴是电声乐队的中坚力量，常用于独奏主旋律并伴以丰富的和声。还常作为独奏乐器出现，具有鲜明时代特色。但电子琴的局限性也十分明显：旋律与和声缺乏音量变化，过于协和、单一；在模仿各类管、弦乐器时，技法略显单调。

### 三、电子琴的工作原理

当然，一部分老式电子琴是仅仅使用FM合成声音的，使用振荡器来模拟乐器声音，只不过它已经退出了市场。工作原理如图6-4-1所示。

振荡器的作用根据需要产生一定频率的振荡信号，振荡信号通过分频器分解成不同频率的信号输送到放大器，放大器将信号放大，推动扬声器发出声音。键盘实际是一些开关，如果没有键盘，许多种频率的信号一齐进到放大器里，通过扬声器发出的声音就会乱七八糟，不成音乐。按下键盘的一支键，就等于接通一只开关，只允许某一种频率的信号通过到放大器里去，扬声器就发出一个音来。这样，按照一定的演奏规律来按键,就能奏出美妙的音乐来。电源的任务是给各部分供电。

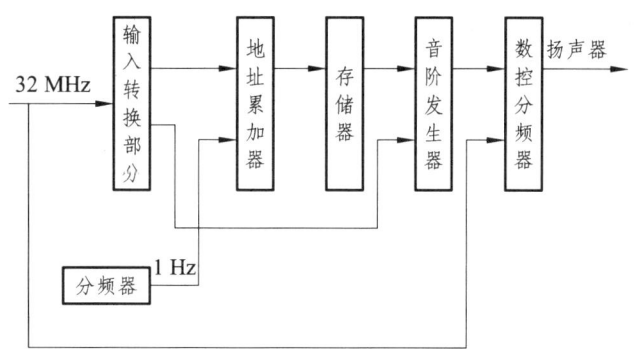

图 6-4-1　电子琴原理框图

## 四、性能参数设计

通过对双音报警电路和音调产生电路的学习,可知用不同频率的方波去驱动扬声器,能产生不同的音调。即只要给定某一种音调的频率,就可以用电路来模拟产生这种声音。

音乐中有"1~7"七个基本音阶,它们可以通过不同频率的方波来产生。根据乐理分析得知,音阶之间的频率存在 12 平均律的关系。如 C 调的七个音阶的频率和周期分别如表 6-4-1 所示:

表 6-4-1　性能参数设计

| 音阶(C 调) | 频率/Hz | 周期/ms |
| --- | --- | --- |
| 1 | 261.6 | 3.82 |
| 2 | 293 | 3.41 |
| 3 | 329.6 | 3.03 |
| 4 | 349.2 | 2.86 |
| 5 | 392 | 2.55 |
| 6 | 440 | 2.27 |
| 7 | 493.9 | 2.02 |

同时,每个音阶的频率,恰好是其低八度音阶频率的两倍。如上述 C 调的"6"=440 Hz,比其低八度的"6"=220 Hz,其余音阶以此类推。

## 五、实训电路及说明

利用 555 时基电路的多谐振荡电路构成的简易电子琴电路如图 6-4-2 所示。图中,IC1 和 IC2 都接成了多谐振荡器的形式,IC1 所构成的振荡器用于产生 C 调的"1~7"七个音阶,由按下按键开关 $S_1 \sim S_7$,接通不同的 $R_{2i}$($R_{21} \sim R_{27}$)来实现。IC2 所构成的振荡器用于产生低频的节拍,其频率和占空比的调节通过改变电位器 $R_P$ 的阻值来实现。

555 时基电路构成的多谐振荡电路输出方波的周期为:$T=T_充+T_放=0.7(R_1+2R_{2i})$,$C_1$ 若取 0.1 μF,为产生 C 调的 7 个音阶,$R_1+2R_{2i}$ 的取值如表 6-4-2 所示:

表 6-4-2  $R_1+2R_{2i}$ 的取值

| 音阶 | 1 | 2 | 3 | 4 | 5 | 6 | 7 |
|---|---|---|---|---|---|---|---|
| ($R_1+2R_{2i}$)/kΩ | 54.57 | 48.71 | 43.29 | 40.86 | 36.43 | 32.43 | 28.86 |

当输出波形的占空比接近 50% 时,多谐振荡器产生的音调更接近标准 C 调,为此,$R_1$ 的值可以取小一些,如 $R_1$=1 kΩ,于是,$R_{21}$~$R_{27}$ 的取值如表 6-4-3 所示:

表 6-4-3  $R_{21}$-$R_{27}$ 的取值

| 编号 | $R_{21}$ | $R_{22}$ | $R_{23}$ | $R_{24}$ | $R_{25}$ | $R_{26}$ | $R_{27}$ |
|---|---|---|---|---|---|---|---|
| 阻值/kΩ | 26.79 | 23.86 | 21.15 | 19.93 | 17.71 | 15.72 | 13.93 |
| 标称阻值/kΩ | 27 | 24 | 22 | 20 | 18 | 16 | 13 或 15 |

节拍电路中接入了一只二极管后,大大减小了电容 $C_6$ 的放电时间,使输出波形的占空比变得很大,即 IC2 每隔一段时间输出一个负脉冲,从而形成了节拍信号。节拍信号的周期 $T≈T_充+T_放≈T_充≈0.7(R_3+R_P)C_6$,调节 $R_P$ 或改变 $C_6$ 的大小,则可以改变节拍的节奏。

## 六、画出电路原理图

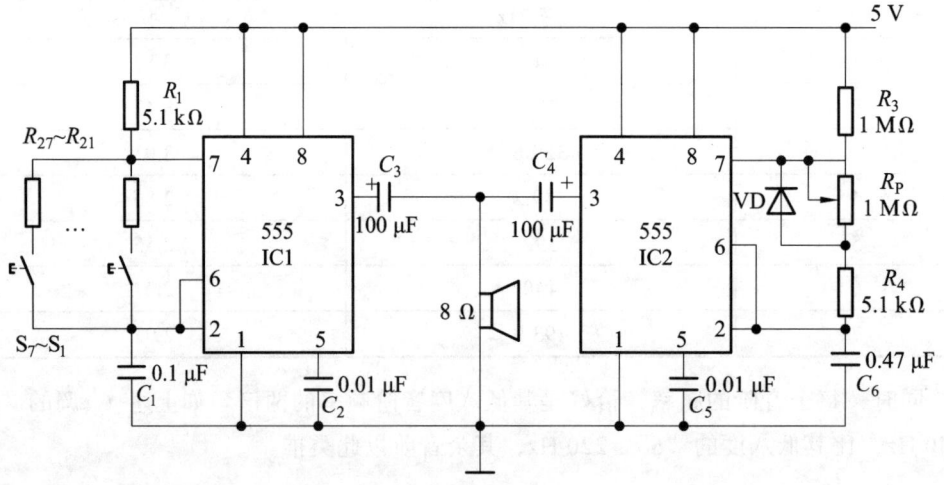

图 6-4-2  简易电子琴电路

## 七、实训内容及步骤

注意事项如下:

(1)先组装音阶产生电路。为了节省时间和空间,可用导线代替轻触开关构成的

音阶按钮 $S_1 \sim S_7$，即用一根导线依次跨接 $R_{21} \sim R_{27}$ 的开路端与 555 电路 2，6 脚的公共端，以此产生不同的音调频率。

（2）确认可产生不同的音调频率后，就需要调出比较准确的音阶了，此时需借助示波器测试各音阶信号的频率，并通过串并接电阻等手段使各音阶达到正确的频率值（参照表 7-5-1），以校准音调。在校准过程中可参考表 7-5-2，表 7-5-3 提供的参数。

（3）组装节拍产生电路，并调节电位器 $R_P$，使节拍的频率接近 1 Hz。

## 八、电子琴电路装调的注意事项

振荡器一般用 $LC$ 电感三点振荡电路。如果忽略晶体管、电阻等因素的影响，则它的振荡频率 $f$ 可由下式决定：

$$f = \frac{1}{2\pi\sqrt{LC}}$$

只要适当选择电感 $L$ 和电容 $C$ 的数值，就可以得到所需要的信号频率。分频器是一个双稳态电路，即晶体管 $BG_1$ 导通、$BG_2$ 截止和 $BG_1$ 截止、$BG_2$ 导通两种稳定状态。如果在它的输入端输入一个信号脉冲，它就翻转一次，即由一种稳态迅速变成另一种稳态，再输入一个信号脉冲，它又会翻转一次，还原成起始的稳态。这样，在它的输入端输入两个信号脉冲时，在它的输出端就得到一个信号脉冲。就是说，输出信号频率比输入信号频率低一半，好像用 2 除过一样，所以叫二分频。

**【任务实施】**

电子琴电路装配的安装

一、实训器材、仪表及工具

（1）工具：电工实验台。

（2）仪表：万用表一台。

（3）器材：元件清单。

二、电路装调的步骤

（1）组装：首先利用相应的工具设备检测元件的好坏，确认无误后，然后进行焊接工作。

（2）调试：焊接完后，用万用表对焊接的电路进行检测，确认无短路、虚焊、无焊接点后，上电进行调试。利用万用表、示波器、稳压电源对电路板进行连接调试、测试波形、数据记录。

**【任务评价】**

考核标准为百分制，每部分考核标准分数如表 6-4-4 所示：

表 6-4-4  考核标准

班级:　　　姓名:　　　组别:　　　学号:　　　得分:

| 评价指标 | 主要观测点 | 自评(20%) | 互评(20%) | 师评(60%) | 小计 |
|---|---|---|---|---|---|
| 学习态度(20分) | 1.学习前必须认真预习学习内容,明确学习目的(4分),没有预习(0分) | | | | |
| | 2.进入教室后,在教室内严禁高声喧哗和闲聊(4分),违规一次扣(0.5分) | | | | |
| | 3.进入教室后,服从指导教师的任务安排,配合默契(4分);不服从指导老师的任务安排,配合不默契扣(2分) | | | | |
| | 4.严禁携带食物和饮料进入教室(4分),违规一次扣(0.5分) | | | | |
| | 5.爱护教室的一切设施,不得乱涂、乱写、乱刻(4分),违规一次扣(1分) | | | | |
| 学习过程(30分) | 1.跨组积极表达正确观点,具有快速理解沟通的能力(10分) | | | | |
| | 2.组内积极表达正确观点,具有快速理解沟通的能力(8分) | | | | |
| | 3.不表达任何观点(0分) | | | | |
| | 1.能够认真完成实训任务(10分) | | | | |
| | 2.能够完成任务(7分) | | | | |
| | 3.能基本完成任务(3分) | | | | |
| 学习效果(50分)(作品) | 1.读懂电路原理图及装配图,正确检测电子元器件(15分) | | | | |
| | 2.按照图纸正确焊接电路板(15分) | | | | |
| | 3.作品调试成功(20分) | | | | |
| 总　计 | | | | | |

**【拓展练习】**

(1)如果需要将 C 调从低 8 度扩展到高 8 度,此电子琴电路该做如何改动?

(2)如果采用门电路,如何设计?

# 参考文献

[1] 韩广兴. 电子元器件识别检测与焊接(第二版)[M]. 北京：电子工业出版社，2012.
[2] 周波，徐文平. 电子技术基础与技能项目教程[M]. 北京：中国人民大学出版社，2014.
[3] 杨德清. 看图学用电工仪表[M]. 北京：电子工业出版社，2008.
[4] 李洪群，闫丽华. 电子产品组装调试与维修[M]. 北京：电子工业出版社，2014.
[5] 金明. 电子装配与调试工艺[M]. 南京：东南大学出版社，2009.
[6] 李光兰，吴君. 电子产品组装与调试——电子工工艺与设备[M]. 天津：天津大学出版社，2010.